1日1題！ 大人の算数

岡部恒治

祥伝社新書

はじめに──数学はおもしろくて、役に立つ

　学校の授業で「生徒にもっとも嫌われる科目」が数学（算数）、とよく言われますが、本当でしょうか？
　実は、小学校低学年では、他の主要科目に比べて算数を好きな生徒のほうが多いという統計があります。しかし、学年が進むにつれ、徐々に「数学を嫌いな生徒」が「数学を好きな生徒」を上回ります。なぜ、数学嫌いが増えるのでしょうか？
　数学嫌いになった人に聞くと、「先生がつまらなかった」「記号になじめなかった」など、数学そのものより、それにまつわる条件に原因を見出すことが多いようです。しかし、そのようなことで「数学嫌い」になってしまったなら、実にもったいないことです。
　数学は、「積み重ねの学問」と言われ、ほんのささいなことでもわからなくなると、落ちこぼれたような気になり、投げ出す人もいます。しかし、すこしくらい、わからなくてもよいのです。わからなくても「そのうち何とかなる」と楽観的に考え、興味をつなぎましょう。
　社会人の方なら、いちいち公式を暗記する必要はありません。その公式の意味を理解し、参照できるようにして、数学的意味と思考法を知ったほうがよほど役に立ちます。また、私自身もそうですが、計算ミスが多くても、誤りに気づいて訂正できれば、問題ありません。重要なのは、**数学を使うことで物事の構造を見抜き、賢く生きることなのです。**
　しかし、ただ漫然と過ごしていても、「数学的思考力」

は身につきません。数学的思考力を身につけるためには、自分の頭で一生懸命考え、その成果をいつでも出せるように、頭の中の〝引き出し〟に保管して、先へ進んだり、別のことを考えたりして、いろいろやってみることです。

「数学なんて、高校以来やってないなぁ」とおっしゃる方たちのふだんの行動の中にも、「数学的センス」を垣間見ることができます。実は、多くの人が、自分の数学的センスに気づいていません。

たとえば、野球で外野フライを捕球できるというのは、驚くべきことです。なにしろ、打者が球を打ったとき、つまり放物線の軌跡が描かれ始めた直後、その軌跡の終点に向かって走り出しているのですから。これは、いくつかの放物線の軌跡を体で覚えていて、それを用いて落下点を推測しているのです。

アイスクリームを買うと、ドライアイスがついてくることがありますが、「1時間で半分の大きさになったから、あと1時間はだいじょうぶだろう」と、別の用事をすましてから帰宅すると、アイスクリームが溶けていた。

また、ピザ屋で「Lサイズの半径はMサイズの1.5倍だが、値段は2倍もする。Mサイズ2個がお得だ」と、Mサイズ2個を買って、実は損をしていた。

このふたつのまったく違うように見える失敗は、第4章の「相似」の概念で結びつけられます。物事の根本がわかれば、数学の適用範囲は劇的に広がります。

このように、私たちは気づかないうちに、あらゆるところで数学に接し、それを使っているのです。数学の題材の中で生活している、と言っても過言ではありません。また、先に挙げたような日常生活での失敗の原因を発見

し、改善できることも、数学のおもしろさです。

　その意味では、上手に生活することと数学を使いこなすこととは同義語であり、有意義な生活を送りたいと思えば、数学は切り離せないものなのです。

　本書では、まず簡単な問題で「しくみ」を予測する訓練をします。そして、問題を順に解き進めれば、「構造」に迫ることができるようになっています。本書を読了する頃には、「数学的思考力」が身についていることでしょう。

　その思考力は、すぐに応用が利かなくても、社会生活で難題に直面したときに役に立ちます。数学的思考力を身につけ、仕事、趣味、子育てなどに活かし、有意義な生活を送られることを願って──。

2015年5月

岡部 恒治

目次

はじめに 3

第1章
あなたの知らない「植木算」

2種類の植木算 10
　問題1、2、3、4

アルファベットの植木算 19
　問題5、6

樹木の植木算 26
　問題7、8、9

住宅地の植木算 35
　問題10、11

第2章
思考力を高める「面積の計算」

論理と計量 40
　問題12、13

円周率は3ではまずい!? 45
　問題14、15、16

「重なり」に注目すれば、見えてくる 54
　問題17、18

思考力が必要とされる問題 61
　問題19、20

第3章
「トイレットペーパーの理論」で解く

トイレットペーパーで考える 70
　問題21、22

中心線で考える　　　　　　　　　　　　　　　　　　　77
問題23、24

第4章
「相似」感覚を養う問題

相似を使って、計算する　　　　　　　　　　　　　　86
問題25、26、27

角すいと円すいの問題　　　　　　　　　　　　　　95
問題28、29

相似感覚が必要とされる問題　　　　　　　　　　103
問題30

第5章
ドミノと「敷き詰め・切り抜き」問題

ドミノを利用した問題　　　　　　　　　　　　　　108
問題31、32

トロミノ、テトロミノ、ペントミノ　　　　　　　　115
問題33、34、35

不可能問題の証明　　　　　　　　　　　　　　　131
問題36

第6章
類推(アナロジー)で解く「立体の切断」

立体の切断、ふたつのポイント　　　　　　　　142
問題37、38、39

美しく、エレガントな問題　　　　　　　　　　　153
問題40、41、42、43

アナロジーを使って解く 　　　　　　　　　　　　162
問題44、45

第7章
想像力が広がる「立体の切断」

考え方を広げて 　　　　　　　　　　　　　　　170
問題46

穴あき立方体を切断すると…… 　　　　　　　176
問題47、48、49

想像力を広げて 　　　　　　　　　　　　　　　186
問題50、51、52

コラム①	フィールズ賞と1億円を無視！	18
コラム②	スカイツリーからの眺望を測る	60
コラム③	3以上と3以下	114
コラム④	イスラム圏では、注意が必要な数学問題	130
コラム⑤	カヴァリエリの痛風対策	145
コラム⑥	ローマ人の呪われた気質!?	152
コラム⑦	アナロジーが新しい発想を生む	161
コラム⑧	なぜ、すいの体積に$\frac{1}{3}$を使うのか？	174

本文デザイン・DTP──デジカル(玉造能之、梶川元貴)
イラスト─────デジカル(比恵島由理子)
写真──────朝日新聞社
図表原案─────SSJ工房

第 1 章
あなたの知らない
「植木算」

2種類の植木算

　日本は明治維新後、西洋数学（洋算）の教育を組織的に始めました。そして、江戸時代に盛んだった和算は、ほとんど追放同然の仕打ちを受けたと言われています。

　その後、日本の数学は、驚くべき早さで世界の数学先進国の仲間入りを果たします。日本の数学が最先端に到達できた理由について、いくつかの説がありますが、私は「国民の中の和算の精神が、脈々と受け継がれてきた」というのが一番説得力があると思います。なぜなら、日本の数学を先導した数学者・岡潔、小平邦彦両先生の著作を読むと、日本的な（東洋的な）思想がその根幹に流れていることがわかるからです。

　「和算」と言うと、鶴亀算を思い浮かべる方も多いでしょうが、和算の中でもっとも簡単なのが植木算です。簡単だからといって、侮ることはできません。ここから、数学的な発展を考えることができるのです。

　それでは、植木算を見ていきましょう。

岡 潔（1901〜1978年）　　　小平邦彦（1915〜1997年）

第1章　あなたの知らない「植木算」

問題1

　図のような2000 mの道があります。道の出発点から始めて、その片側に10 mおきに木を植えていきます。道の終点にも植えると、全部で何本の木が必要でしょうか。

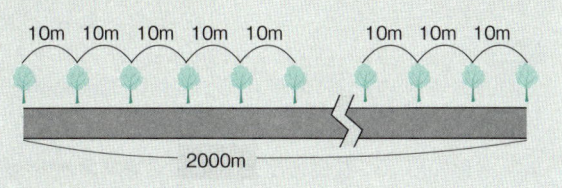

　「こんな簡単な問題を！」と、怒らないでください。これでも、けっこうまちがえる方がいます。もちろん、ほとんどの読者はすぐに答えられるでしょう。しかし、簡単な問題にこそ、考え方のヒントが隠れています。

　2000 mの道の縮図を作り、1本1本植える場所に点を打つことは大変ですから、誰もしないでしょう（縮図を描いて点を打っていくことじたいは、立派な抽象化という数学的作業です）。

　こう考えていくと、問題を200 mにしないで2000 mにしたことに数学的な意味があることがわかります。

　問題1の解答は後回しにします。「どのように計算するか」「計算方法に迷っている友人や子どもにどのように説明したらよいか」という点から吟味したいからです。

考え方のヒント：迷ったら、やさしいケースで試す

道が長いと(2000 m)、頭の中が整理しきれず、199本？ 200本？ 201本？ と迷うことがあります。こういうときは、思いきって、道の長さを50 mなどに短くして、実際に縮図を描いて点を打って調べれば、はっきりします。

> **問題2**
> 図のような50 mの道があります。道の出発点から始めて、その片側に10 mおきに木を植えていきます。道の終点にも植えると、全部で何本の木が必要でしょうか。

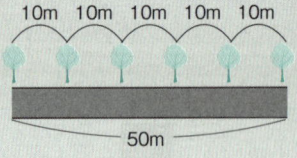

これだったら、木の本数を数えて、答えは6本とすぐわかります。この6という数字はどのようにして出てきたのか。それは、道の長さ50 mを木の間隔10 mで割ったものに、1を加えて出てきたのです。

　ていねいに言えば、道の長さ50 mを10 mの区間に分けると、50 ÷ 10 = 5となり、区間が5個できます。12ページの図の ⌣10m が、5等分された区間です。それぞれの区間の前には、木が1本くっついています。ですから、木は区間の数と同数の5本必要となります。さらに、道の終わりの木が1本必要ですから、合計6本と計算されるのです。

　問題2の解答は次のようになります。数の下にあるのは、その意味です。

$$(50 \div 10) + \underset{\text{最後の1本}}{1} = \underset{\text{合計}}{6}$$
$\underset{\text{区間の数}}{}$

　問題2を解いて「1本の道の片側に木を植えた」ときの植木算の意味が明確になれば、問題1は簡単に解けます。

$$(2000 \div 10) + \underset{\text{最後の1本}}{1} = \underset{\text{合計}}{201}$$
$\underset{\text{区間の数}}{}$

> **解答**
> 問題1：201本
> 問題2：6本

この結果をまとめておきましょう。

> **植木算の公式（1本の道の片側に、道のはじめから終わりまで等間隔に木を植えるとき）：**
> **木の本数＝区間の数＋1**
> **区間の数＝道の長さ÷木の間隔**

　簡単なケースから推定して、難しいケースでも成り立つ公式を出せるのが数学のよいところです。このことを、ある生物学者は「数学者はアメーバの消化過程から人間の消化過程を推察しようとする」とからかいました。

　もちろん、数学者でも、そんな飛躍はしませんが、アメーバの消化過程から人間の消化過程に**類似したところがあれば、積極的に思考に取り入れて考えるのが、数学的な発想法**で、それによって生み出せるものも数多くあるのです。

　植木算にはもうひとつ重要なケースがあります。それが次の問題です。

14

第1章 あなたの知らない「植木算」

問題3

1周が2000 mの池の周りに、10 m間隔で木を植えるとき、木は何本必要でしょうか。図は、池の一部です。

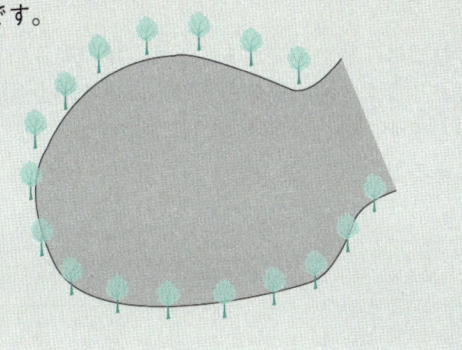

なお、問題1と同じ数値を用いているのは、池の場合、1本の道のときと異なることを明確にするためです。

このケースも、2000 mの長い池の縮図を描き、200本前後の木を描いていくのは、大変な作業です。簡単なケースで試してみましょう。それが次の問題4です。

問題4

1周が50 mの池の周りに、10 m間隔で木を植えるとき、木は何本必要でしょうか。

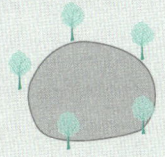

15

すでにお気づきでしょうが、問題2と同じ数値を用いています。このケースも、池の周りの計算が、1本の道のときとどう異なるのかを明確にしたいからです。

 それでは、解いていきましょう。池の周りの木の1本をAとします。池の周りのその木のある地点も同じAで代用します。池の外周をAのところで切って、1本の直線にすると、長さ50mの1本の道ができます。

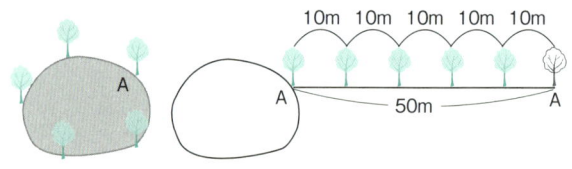

 この道の始まりはAで、終わりもAです。そして、50mの道に10m間隔で木を植えると、植木算の公式により、

$$(50 \div 10) \underset{区間の数}{} + \underset{最後の1本}{1} = \underset{合計}{6}$$

となります。

 6本の木が必要です。しかし、最後の1本は、同じAの木ですから、数えてはいけません。ですから、木の本数と区間の数は同じになり、計算は次のようになります。

$50 \div 10 = 5$

この考え方は、問題3にも適用できます。1周の長さ2000 mを10 mで割ると、

$$2000 \div 10 = 200$$

となります。

これが、区間の数です。植える木の本数は区間の数と同じなので、200本が求める木の本数です。

>[!解答]
>問題3：200本
>問題4：5本

問題3と問題4の道は、「1周して戻る道」でした。この道を環状道路と名づけましょう。これらから、環状道路での植木算では、次のことが言えます。

植木算の公式（環状道路のとき）：
木の本数＝区間の数
区間の数＝道の長さ÷木の間隔

コラム①
フィールズ賞と1億円を無視！

　昔から、数学者には変わり者が多いと言われていますが、ロシアの数学者グレゴリー・ペレルマンは〝きわめつけ〟です。

　国際数学者会議は2006年、長年解けなかった「ポアンカレ予想」の解決を導いたとして、ペレルマンにフィールズ賞（数学のノーベル賞と言われる。日本人では1954年に小平邦彦先生が初受賞）を授与すると発表しました。

　しかし、多くの数学者は、彼が授賞式に現われるか、固唾を呑んで見守っていました。彼はこれまでも昇進を断わったり、ヨーロッパ数学会賞を辞退していたからです。

　とはいえ、1936年の創設以来、フィールズ賞を断わった数学者はいませんでしたし、まさか数学界最高の栄誉を辞退しないだろうと国際数学者会議は思っていました。そして、他の受賞者もいたので、予定通り授賞式を行ないましたが、結局、彼は来ませんでした。

　ポアンカレ予想には、クレイ数学研究所によってミレニアム賞（副賞は当時のレートで1億円以上！）がついていましたが、彼はその受け取りも拒否。では、彼はお金持ちかというと、現在は母親の年金で暮らしているようです。

　数学さえできれば名誉や金は必要ない——という彼の生き方は、アッパレの一言です。

アルファベットの植木算

ここまで説明したふたつの道は単純なものですが、アルファベットを道と考えたとき、その中にも、ふたつの形の道がちょうど半分だけ存在しています。

問題を挙げます。

> 問題5
>
> 次のアルファベットの中で、1本の道はどれでしょう。また、環状道路はどれでしょう。ただし、角や曲がりは、平らに伸ばして考えてもよく、1本の道が含まれていても、よけいな道がくっついている場合は除外します。環状道路についても同じです。
>
> A、B、C、D、E、F、G、H、I、J、K、L、M、N、O、P、Q、R、S、T、U、V、W、X、Y、Z

まず、それぞれの文字の中に「端のある線があるかどうか」を見ます。端のある線がなければ、環状道路の有力候補です。すると、B、D、Oには端がありません。これら3つのうち、Bは環状道路がふたつくっついた形で、単純な環状道路とはみなしません。ですから、残りのD、Oが環状道路です。

　いっぽう、1本の道かどうかは、端がふたつだけで、両端をひっぱると直線になるものを選べばよいのです（A、Q、Rは端がふたつですが、両端をひっぱっても直線になりません）。すると、1本の道は次の11文字になります。

> **解答**
> 環状道路：D、O
> 1本の道：C、I、J、L、M、N、S、U、V、W、Z

道の形は「はじめと終わりのある道」と「1周して戻る道」だけではありません。世の中には、さまざまな道があります。アルファベットでも、半分はそれ以外の道です。

前述のように、あらゆる問題に対して、まず簡単な基本のケースから押さえて、それを元に複雑なケースに適用していくのが、数学のアプローチの典型的な方法です。

1980年代に「ニュー・アカデミズム」が流行しました。なかには、「微分は滑らかな曲線にしか適用できない。しかるに、世の中に滑らかな曲線など存在しない。よって、微分を基礎とする近代科学は無効である」と主張する哲学系の人たちがいました。

何を主張しても、それは個人の自由ですが、メディアがそれを「新しい知的な運動」として広めたのは問題でした。旧来の科学を軽く見て、オーソドックスにコツコツ勉強（あるいは研究）する姿勢を軽視する風潮につながり、ひいては勉強（あるいは研究）そのものを軽視したからです。

確かに、地球は近くで見るとデコボコしています。しかし、そのデコボコの地球を球体と見て、微分積分の成果を用いて軌道計算をしたからこそ、人工衛星を打ち上げ、天気予報の正確さに貢献することが可能になったのです。

この話をしたのは、基本だけ押さえておくと言うと、「数学は基本しかない」とカン違いする評論家が出てきたからです。基本——木にたとえるなら幹（みき）——だけでなく、枝や葉をつける作業も適度に入れる必要があります（その意味でも、基礎・基本だけを強調する「ゆとり教育」は犯罪的だと思います）。

　さて、話の中に「枝」「葉」という言葉が出てきたついでに、ここで、道に**枝葉**（えだは）という名前をつけます。これは、一般的に使われている意味（＝細くてあまり使わない道）とは違います。
　このときの枝葉とは、太さは元の道と同じだが、元の道から枝葉へ分岐（ぶんき）して進んだら、元の道に戻ることができないことを表わします。もちろん、他の枝葉と分岐点以外で交（まじ）わってはいけません（交わってしまうと、元の道に戻ることができてしまいます）。

そして、分岐点では三叉路、十字路、五叉路……のように、同時にいくつかの枝葉の道が出てもよいこととします。また、太さが同じなので、見方によって、元の道と枝葉の道が入れ替わることもあります。自分の都合のよいほうを、元の道としたら、それにくっついているのが枝葉の道です。

　このようにして、「1本の道」に枝葉をつけ、複雑にしたものが**樹木**です。それでは、問題です。

> 問題6
>
> 　次のアルファベットは全アルファベットから、1本の道と環状道路を除いたものです。この中で樹木はどれでしょうか。
>
> 　A、B、E、F、G、H、K、P、Q、R、T、X、Y

「1本の道」に枝葉がついたものですから、環状道路が含まれていないものに限ります。すると、A、B、P、Q、Rは除外されます。こうして、残りのE、F、G、H、K、T、X、Yになります。

解答
E、F、G、H、K、T、X、Y

さらに、「1本の道」も樹木のメンバーと考えましょう。すると、アルファベットの大多数は、樹木に入ります。樹木という名前がついた理由は、適当な1点を一番下に置き、切ったり貼ったりせずに、線を伸ばしたり、曲げたり、縮めたりして変形すると、樹木の形に見えるからです。

わかりやすいように、実際にHとXを樹木の形に変形してみましょう。まず、Hから2通りの樹木を作ってみます。

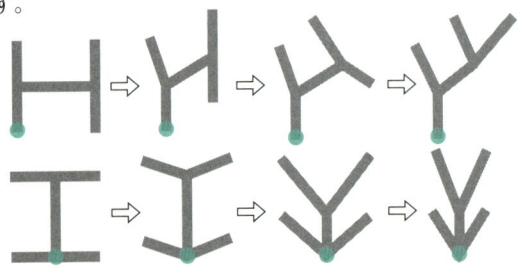

下段は、Hの左側（または右側）の中点を一番下にしました。

Xについても、2通りの樹木を作ってみます。

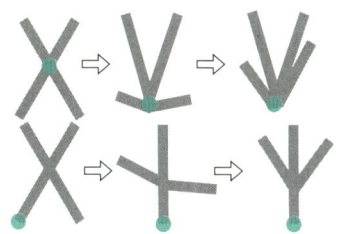

このように、樹木ができるときは、どの点を下にしても可能です。ですから、樹木らしく見えなくても樹木と呼ぶことにします。

点と線の図形では、この樹木が非常によく出てきます。アルファベットの中では、以下がそれに当たります。

C、E、F、G、H、I、J、K、L、M、N、S、T、U、V、W、X、Y、Z

なんのことはない。アルファベットでは、樹木でないものを示したほうが早いのです。それは、次の7個だけです。

A、B、D、O、P、Q、R

樹木の植木算

それでは、いよいよ樹木の植木算です。各文字の枝葉の道の長さを 10 m の倍数になるように適当にとり、さらに道の交差するところには木があるようにします。

E、H、X について見てみましょう。各区間は 10 m。つまり、それぞれの道の総延長は、（⌒ の数）× 10 m ということにご注意ください。

> **問題7**
>
> 下の文字 E、H、X について、道の長さと木の本数との関係を調べて、樹木の道の植木算の公式を出してください。ただし、木は道の片側に 10 m ごとに植えることとし、木と木の間隔は 10 m とします。

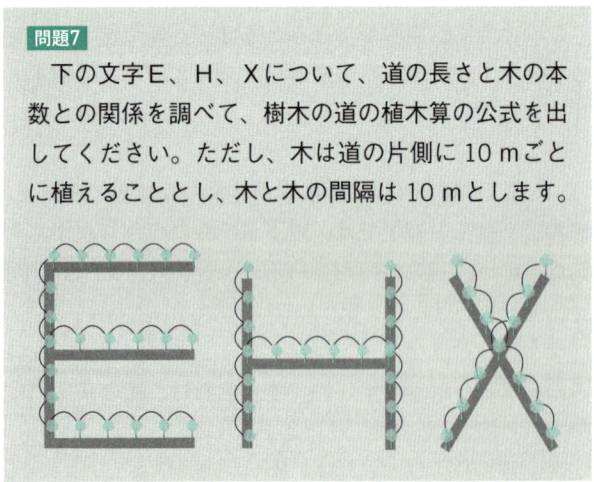

まずは、それぞれの道の総延長と、木の本数を出してみましょう。

E：横の道が（3×5）×10 m、縦の道6×10 m、
　　　合計210 m、木は22本
　　H：縦の道が（2×6）×10 m、横の道5×10 m、
　　　合計170 m、木は18本
　　X：ふたつのななめの道はそれぞれ6×10 m、
　　　合計120 m、木は13本

　いずれの場合にも「木の本数＝（道の長さ÷10）＋1＝区間の数＋1」で、これは、1本の道の植木算の公式と同じです。つまり、樹木の道でも、1本の道と同じ公式になるということです。

　どうしてそうなるのかを、すこし複雑なHについて、確かめてみましょう。

　元の1本の道をどこに取るかは好みによりますが、手順を減らすために、まんなかの水平な道を元の道と考え、道の両端から枝葉をつけたと考えます。両端から同じ長さの枝葉の道が出ているため、短い手順でできるのです。

　28ページの図のように両端の枝葉の道の先から、（木の本数）と（道の長さ）を同時に減らすように変形していきます。この変形で、（木の本数）と（道の長さ÷10）は、1回の操作で4つずつ、同じ数だけ減り、2回の操作で合計8つずつ減ります。

ですから、1本の道で成り立っている公式「木の本数＝(道の長さ÷10)＋1」は、そのまま成り立つのです。
　この場合、たまたま4つの端から同時に減らしていきました。しかし、元の「1本の道」を左側の垂直方向の道と考えて、右側のひとつの端から順に減らしてもかまいません。要は、木と道の長さを同時に減らせば問題ないのです。

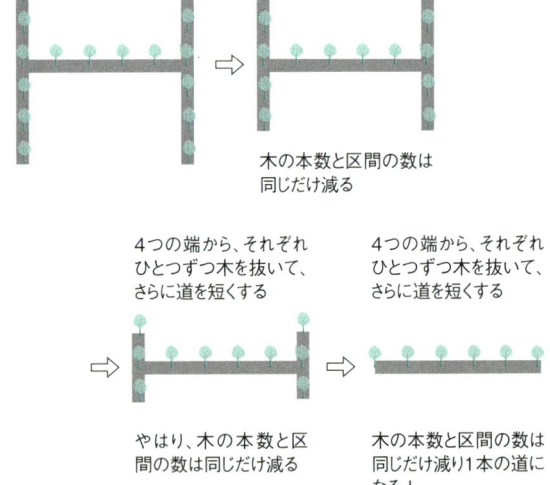

　このように、樹木の道についても、1本の道のときと同じ「植木算の公式」が成り立ちます。

第1章 あなたの知らない「植木算」

> **解答**
> 木の本数＝区間の数＋1

次に、A、P、Q、Rなど環状道路に枝葉(あるいは樹木)がついた道について見てみましょう。

> **問題8**
> 下の各文字について、道の長さと木の本数との関係を調べて、環状道路に枝葉がついた道について、道の長さと木の本数の関係を述べてください。ただし、木は道の片側に 10 mの間隔で植えてあります。

AとQのような、環状道路に枝葉がついた場合でも、さきほどと同様、枝葉の部分を落としていく作業ができます。実際にやってみましょう。

Aについて：元の道の長さは合計160 mで、木の本数は16本。これを環状道路△に変形後は、道の長さが120 mで、木の本数は12本。どちらも「木の本数＝道の長さ÷木の間隔」となっています。

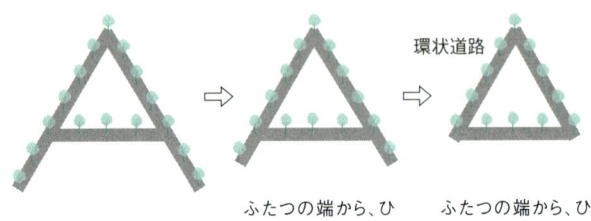

ふたつの端から、ひとつずつ木を抜き、道も縮める

ふたつの端から、ひとつずつ木を抜き、道も環状道路に

Qについて：元の道の長さは合計180 mで、木の本数は18本。これを環状道路Oに変形後は、道の長さが150 mで、木の本数は15本。この場合も、「木の本数＝道の長さ÷木の間隔」となっています。

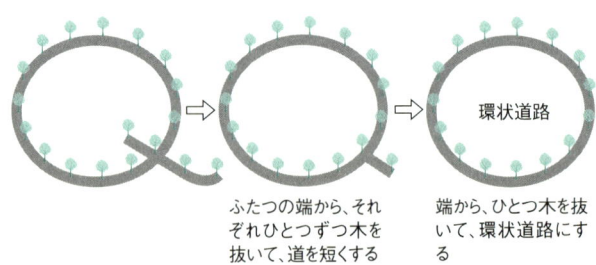

ふたつの端から、それぞれひとつずつ木を抜いて、道を短くする

端から、ひとつ木を抜いて、環状道路にする

これは、P、Rでも同じことが言えます。結論は、31ページの解答のようになります。

第1章　あなたの知らない「植木算」

> **解答**
> 環状道路に枝葉の道をつけても、木の本数＝道の長さ÷木の間隔という性質は変わらない。

さあ、残りは、Bの形の道の木の計算です。

> **問題9**
> 下の木の本数、木で区切られた区間の数はいくつでしょうか。木と木の間隔は 10 m とします。

図が与えられていますから、とにかく数えれば答えは出てきますね。まず、正解を示します。

> 解答
> 木：19本
> 区間：20個

さて、木の本数が区間の数より小さくなり、今までの植木算の公式とは異なる数値が出てきました。これはどうしてでしょうか。

図のBには、環状道路がふたつあります。1周する道の数は、上と下のDを上下に縮めた形の道と、外周を回る大きな道の3通りがあると考えがちです。
しかし、環状道路は、中の空き地のそれぞれに旗を立てて、それぞれの旗を回る道を1個と数えるのです。旗の数＝環状道路の数です。これは、区切られた空き地の数でもあります。

空き地：なし
（🚩を立てる場所がない）
区間：12個
木：13本

空き地：1
区間：15個
木：15本

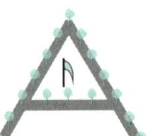

空き地：1
区間：16個
木：16本

空き地：2
区間：20個
木：19本

第1章　あなたの知らない「植木算」

さて、Bを下図のように、環状道路に枝葉をつけた道Pと、1本道つに分解して考えてみましょう。

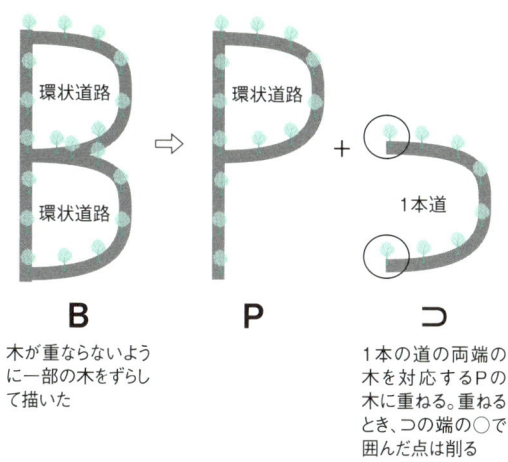

B
木が重ならないように一部の木をずらして描いた

P

つ
1本の道の両端の木を対応するPの木に重ねる。重ねるとき、つの端の○で囲んだ点は削る

Pでは、Pの木の本数＝Pの区間の数
つでは、つの木の本数＝つの区間の数＋1

このふたつをくっつけると、(つの木の本数)は2個減り、それ以外の(Pの木の本数)、(Pの区間の数)、(つの区間の数)は変わりません。

よって、

全体の木の本数＝Pの木の本数＋つの木の本数－2
＝Pの区間の数＋つの区間の数＋1－2
＝Pの区間の数＋つの区間の数－1
＝全体の区間の数－1

となります。結論として、次のようになります。

33

植木算の公式(環状道路がふたつあるとき):
木の本数=区間の数-1
区間の数=道の長さ÷木の間隔

同様に、環状道路が1個増えるたびに、区間の数に対して、木の本数はひとつずつ減っていくことがわかります。たとえば、田の形の道では、環状道路が4つですから、区間の数に対して木の本数は、Bの形よりさらにふたつ減ります。つまり、田の形では、

木の本数=区間の数-3

となることがわかります。

空き地:4
区間:36個
木:33本

第1章　あなたの知らない「植木算」

住宅地の植木算

これを利用した問題を解いてみましょう。

> **問題10**
>
> 　住宅地の街路と境界線の片側に、20ｍ間隔で木を植えることにしました。道の太さは無視するとして、必要な木の本数を計算してください。

まず、環状道路が 13 ありますから、木の本数＝区間の数－12 となります。

道の太さは無視していいのですから、道が縦方向と横方向が同じなので、道の総延長は、横方向の長さを 2 倍すればよいでしょう。

道の長さ：$(400 \times 4 + 200) \times 2 = 3600$（m）
区間の数：$3600 \div 20 = 180$（個）

よって、木の本数は、$180 - 12 = 168$（本）となります。

解答
168 本

第1章　あなたの知らない「植木算」

　道の個々の部分の長さがわからなくとも、全体の長さとおおよその形がわかれば、木の本数を計算できます。たとえば、画鋲（がびょう）でテープを留（と）める問題、フェンスとくいの関係も考え方は同じです。問題を見てみましょう。

> **問題11**
> 　掲示板にテープを画鋲で、図のような形に留めようと思います（図の長さは正確ではありません）。画鋲は 10cm 間隔で留め、縦と横が重（かさ）なっているところでは、ひとつの画鋲で留まるように調整します。テープの長さが合計 10 m のとき、必要な画鋲の個数を計算してください。

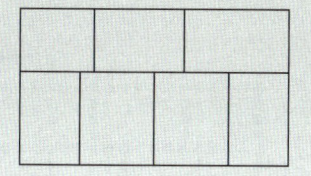

図を見ると、環状道路（道ではありませんが、同じ用語を使います）が7個ありますから、

画鋲の数＝区間の数－6　となります。

テープの長さ10(m) ＝ 1000(cm)を画鋲の間隔10(cm)で割ると、区間の数が出ます。

よって、区間の数は　1000 ÷ 10 ＝ 100(個)

よって、画鋲の数は　100 － 6 ＝ 94(個)となります。

解答
94個

本当にそうなるか、実際に確かめてみましょう。図に示します(他の寸法もありえます)。

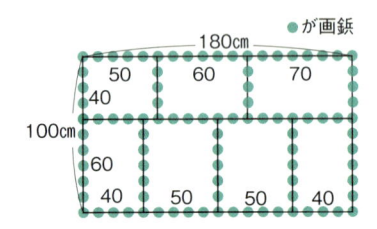

第 2 章
思考力を高める 「面積の計算」

論理と計量

　幾何の1分野に「計量」があります。計量とは、「長さ・面積・体積などの量の計算」のことです。

　これに関して、以前から「数学的思考力をつけるために、計量を減らし、論理を拡充する」と主張する方々がいます。この主張は、私が『分数ができない大学生』（西村和雄氏、戸瀬信之氏との共著）を刊行後、やや下火になりました。

　私自身は計算が大の苦手で、計量を減らせばラクになることはまちがいないのですが、私は、論理と同じくらいに計量は重要だと思います。そもそも、幾何は河川の氾濫で生じた土地の測量の必要性から始まったと言われています。ちなみに、「geometry（幾何学）」という言葉の中には、計量を意味する「metry」が含まれています。

　本章では、計量で思考力をつけることもできることを具体的に示すつもりです。まずは、三角形の面積の計算とその使い方から見ていきましょう。

```
          ┌ 代数…方程式、数論、群、環、体 など
数学 ─────┼ 幾何…平面図形、空間図形、計量、トポロジー など
          └ 解析…関数、確率・統計、微分、積分 など
```

第2章 思考力を高める「面積の計算」

問題12

縦6㎝×横30㎝の長方形の紙を、図のように折りました。このとき、重なった青色部分の面積について、①、②の問いに答えてください。

①△ＡＢＣの面積を計算してください。

※△＝三角形（以下同じ）

②△ＡＢＣの三角形の種類を述べてください。

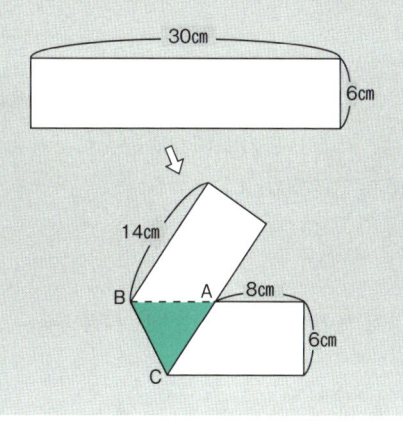

ヒント

②については、①を用いてＡＣの長さを計算してください。そうすると、自然に△ＡＢＣの形が見えてきます。

41

まず①ですが、横の長さ 30 (cm) を折ったものが 8 ＋ＡＢ ＋ 14 (cm) なので、

$$8 + AB + 14 = 30$$

よって、ＡＢ ＝ 30 － 8 － 14 ＝ 8 (cm)

△ＡＢＣの底辺をＡＢと考えると、高さは 6 cm となります。

よって、面積は、

$$\frac{8 \times 6}{2} = 24 \, (cm^2)$$

次に②は、△ＡＢＣの面積を底辺ＡＣと考えて計算すると、高さはやはり 6 cm ですから、

$$\frac{AC \times 6}{2} \, (cm^2)$$

これが、①で計算したものと同じですから、

$$\frac{AC \times 6}{2} = 24$$

これから、ＡＣ ＝ 8 (cm)

よって、ＡＢ ＝ ＡＣ ＝ 8 (cm)

解答
① : 24 cm²
② : ＡＢ＝ＡＣの二等辺三角形

第2章　思考力を高める「面積の計算」

　三角形の面積は、底辺と高さから求められます。逆に、面積と底辺か高さのうちのどちらかひとつがわかれば、もうひとつがわかります。あたりまえのことですが、ウッカリしていると、忘れがちなので気をつけましょう。

　また、このように長方形を折ったときに、重なったところに必ず二等辺三角形ができることも、頭に刻んでおきましょう。

　次の問題は、長方形の面積ですが、中学校入試などによく出てくるタイプのものです（すこし複雑にしました）。

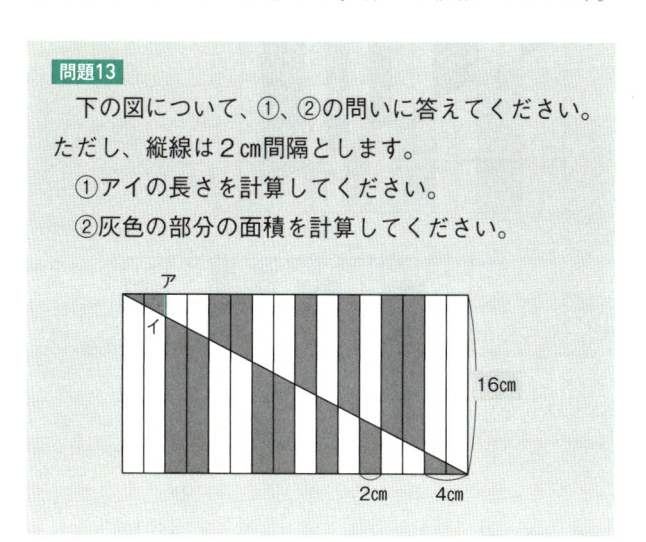

> **問題13**
> 　下の図について、①、②の問いに答えてください。
> ただし、縦線は2cm間隔とします。
> 　①アイの長さを計算してください。
> 　②灰色の部分の面積を計算してください。

　最初に、この長方形の縦横の比を計算します。すると、対角線の傾き（縦の方向に進んだ距離と横に進んだ距離の比）が出てきます。

43

まず①ですが、横が32cmとなるので、ななめの線は右に32cm進むと、縦16cmだけ下がります。16：32＝1：2で、「傾き$\frac{1}{2}$の線」とも言います。この線で横に4cm進むと、1：2＝x：4を解いて、縦は2cmだけ下がります。

②は、下の図を見てください。ななめの線の上の部分を細いところは2cmずらし、太いところは4cmずらすと、3本の太い長方形(高さ14cm)と2本の細い長方形(高さ15cm)となります。

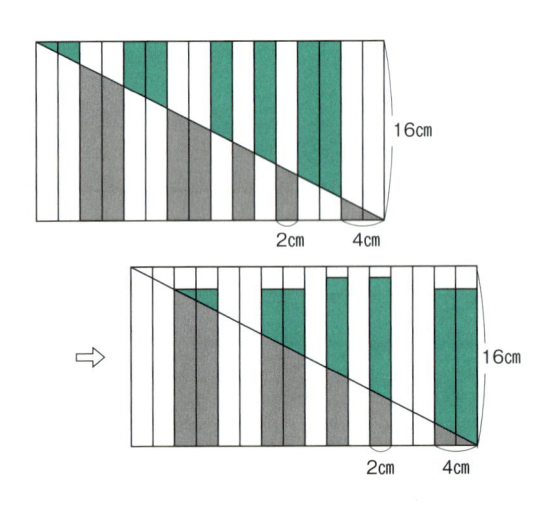

よって、4×14×3＋2×15×2＝228(cm²)

> [!NOTE] 解答
> ①：2cm
> ②：228cm²

44

円周率は3ではまずい!?

　一時期、「円周率を3としてもよいか？」がメディア等で話題になりました。私も概算をするとき、時々3で代用していますし、なんら問題ありません。

　しかし、教科書では「円周率は3.14です」と書いてありながら、3.14を使う問題には、必ず電卓マークをつけることになっています。生徒は、このような知識を手計算の中で身につけていくのですから、これでは、円周率＝3と頭の中にインプットされてしまいます。

　3.14と3は近いようで、微妙に違う値です。ご存じのように、円周率とは**円周と円の直径の比**のことです。これを3にすると、円に内接する正六角形の周と円の直径の比になってしまいます（画家、絵本作家・安野光雅氏の指摘）。

　この問題が騒がれたあと、東大の入試問題に「円周率が3.05より大きいことを証明せよ」という問題が出されたことがあります。これも、その違いが小さくないことを示しています。

　私は、円周率を3にするか否かよりも、生徒の計算力を低下させておきながら、教える内容をそれに合わせることのほうが、むしろ問題だと思っています。

　円周率は、小学校ではじめて出会う無理数（整数÷整数で表わされない数）であり、さらに超越数（方程式の解にも出てこない数）です。生徒たちは、そこでなんらかを学習することができればよいと思います。

　そもそも、円は、古代から美しい図形として畏敬の念で見られていました。文化の象徴と言っても、過言ではありません。

というわけで、円の面積に関する問題を見ていくことにしましょう。まずは、やさしい問題から。

> **問題14**
> 　図は、半径6cmの大きい円の中に、4個の半径3cmの小さい円を等間隔に入れたものです。このとき、灰色部分の面積を計算してください。なお、円周率は π を用いてください。

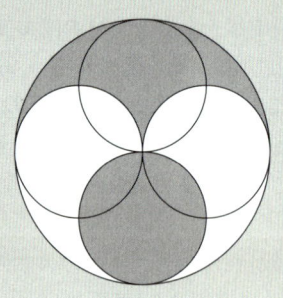

まず、大きい円内にある下の円をうまく分けて、上の円の足りないところを補います。そして、下の円を半分にして、それぞれ上の凹んでいるところにつけます。

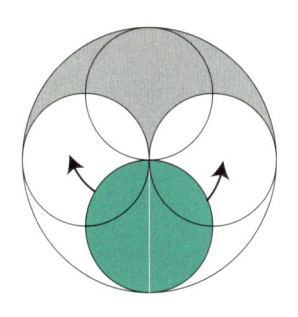

すると、大きな円の半円が出てきます。

大きな円の半円の面積は、$\dfrac{6×6×\pi}{2} = 18\pi$ (cm²)

解答
18cm²

　この問題は、円を半円にした結果、半円の面積が答え、という掛詞(かけことば)のような趣(おもむき)のある問題です。これを下のような問題にすると、すこし難しくなり、答えは同じでも、そのおもしろみが欠けてしまいます。

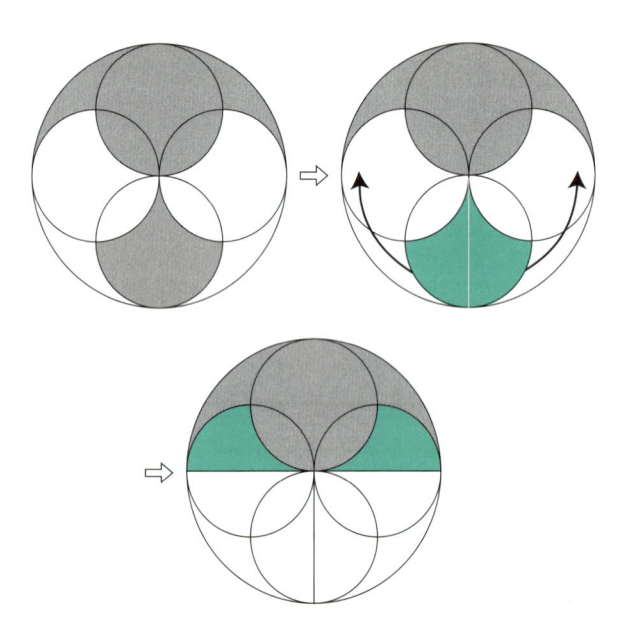

第2章 思考力を高める「面積の計算」

問題15

　図は、半径24cmの大きい円の中に、6個の半径12cmの小さい円を等間隔に入れたものです。このとき、灰色部分の面積を計算してください。なお、円周率はπを用いてください。

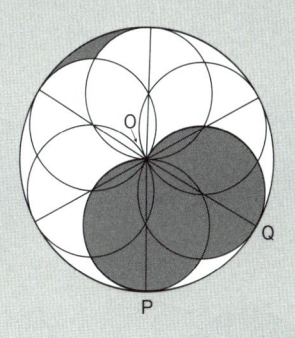

ヒント

　ひとつだけ離れたところにある左上部分は、イヤな感じがしますが、実は、これがあるから計算がラクになります。この部分を移動してみましょう。

　なお、この問題では、扇形の面積の計算が必要ですが、円全体の面積を中心角に比例して配分すれば求められます。

まず、ヒントにあったように、離れたところにある部分（上段の左図の濃い青色）を向かい側に移します。すると、大きい円の中の扇形と小さい円の半円ふたつに分解できます。

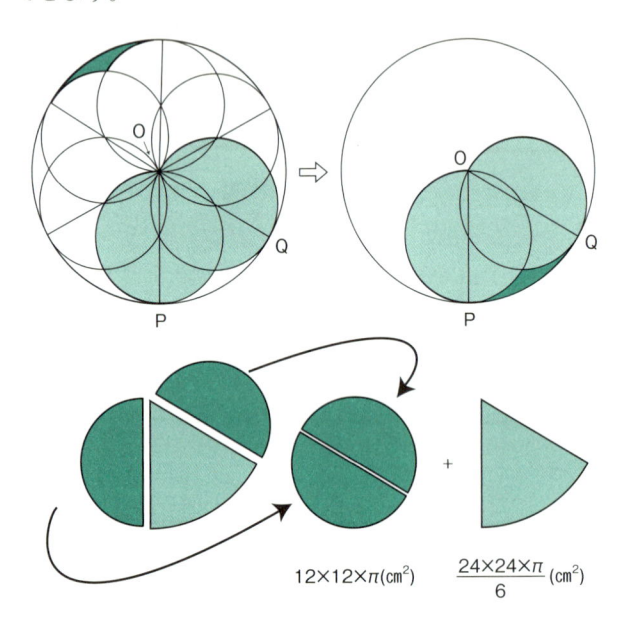

$12 \times 12 \times \pi \, (\text{cm}^2)$　　　$\dfrac{24 \times 24 \times \pi}{6} \, (\text{cm}^2)$

　半円ふたつはひとつの円と等しく、その面積は、
$12 \times 12 \times \pi = 144\pi$ (cm²) です。

　下段の図で薄い青色で示している扇形は、中心角が$60°$で、円全体の$\dfrac{1}{6}$。つまり、面積は

$\dfrac{24 \times 24 \times \pi}{6} = 96\pi$ (cm²) です。

　よって、$144\pi + 96\pi = 240\pi$ (cm²)

第2章 思考力を高める「面積の計算」

解答
240π cm²

　円の問題をもうひとつ挙げましょう。問題16は、中学受験の問題を作り直したものです。この問題では、円周率をπとせずに3.14としたほうが、それらしい答えが出てきます。

問題16
　図は、アを中心とする半円と直角三角形（エウとエイのなす角が90°、アオとアイのなす角は60°）が一緒に描かれている図形です。この図において、灰色に塗られたふたつの部分の面積が等しいとき、ウエの長さを計算してください。

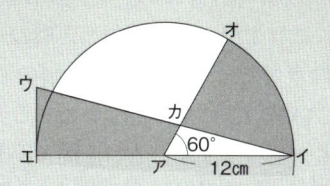

ふたつの灰色部分の面積が等しい。

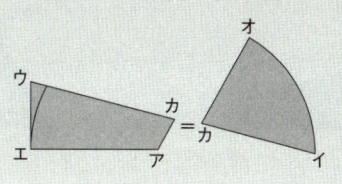

> **ヒント**
>
> 一見すごく難しい問題のように見えますが、それぞれの領域に、あるものを加えると、あっというまに解けてしまいます。

では、下の図を見ながら、計算していきましょう。まず、右側の図形に△アイカ（青色部分）を加えると、中心角60°の扇形になります。

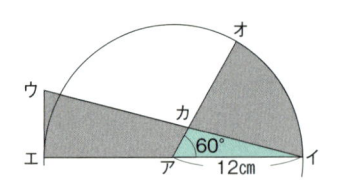

いっぽう、左側の図形に△アイカを加えると、直角三角形ウエイになります。この直角三角形の底辺はイエで24cm、高さはウエとなります。下の図の濃い青色部分の面積が等しいというのが条件でした。これらにそれぞれ同じ△アイカを付け加えたものも面積が等しいので、

直角三角形ウエイの面積(下の左図)＝中心角60°の扇形の面積(下の右図)

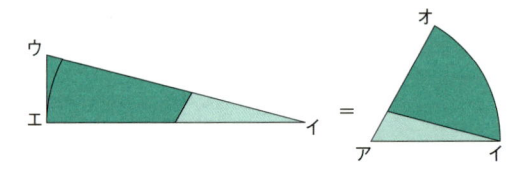

第2章　思考力を高める「面積の計算」

ここで、右辺の扇形の面積は、半径 12cm、中心角が 60°なので、

$$\frac{12 \times 12 \times 3.14}{6} = 24 \times 3.14 \text{ となります。}$$

(24 × 3.14 の計算を急ぐ必要はありません。このままにしておきます)

これが直角三角形の面積の $\frac{24 \times ウエ}{2} = 12 \times ウエ$ と等しいのですから、

12 × ウエ = 24 × 3.14　が成り立ちます。

ゆえに、

ウエ = 2 × 3.14 = 6.28 (cm)

解答
6.28cm

「重なり」に注目すれば、見えてくる

　前問は、「重なり」が問題でした。面積計算に重なりをうまく取り入れると、発展性の高い問題も作れます。まずは、次の問題を考えてください。

問題17

　図は、1個の面積が6cm²の正六角形です（線は目安のために引いています）。

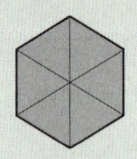

　この正六角形を下の①、②のように重ねて③を作りました。①〜③の面積を計算してください。

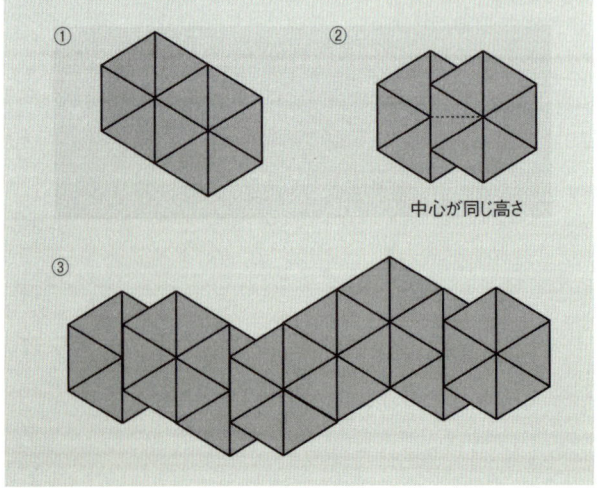

①

②
中心が同じ高さ

③

第2章 思考力を高める「面積の計算」

　これも一見複雑そうですが、隣り合うふたつの六角形だけを取り出すと、重なり方は次の2種類だけです。これをⅠ、Ⅱとして、①、②、③のそれぞれの面積を計算していきます。

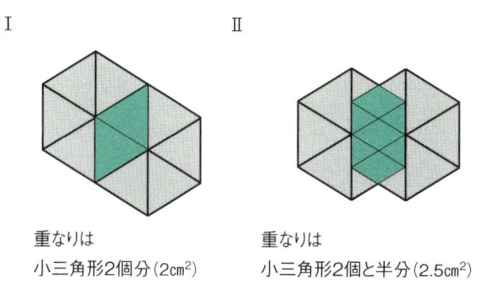

Ⅰ　　　　　　　Ⅱ

重なりは
小三角形2個分（2cm²）

重なりは
小三角形2個と半分（2.5cm²）

　まず①ですが、2枚の六角形の面積は6×2 (cm²)。重なり方はⅠ型、重なり部分は2 (cm²)なので、

$$6 \times 2 - 2 = 10 (\text{cm}^2)$$

　②は、①と同様に2枚の六角形の面積は6×2 (cm²)。重なり方はⅡ型、重なり部分は2.5 (cm²)なので、

$$6 \times 2 - 2.5 = 9.5 (\text{cm}^2)$$

　③も、同様に8枚の六角形の面積は6×8 (cm²)。重なり方はⅠ型が4個、Ⅱ型が3個なので(56ページの図の重なり部分に型名を入れました)、

$$6 \times 8 - 2 \times 4 - 2.5 \times 3 = 32.5 (\text{cm}^2)$$

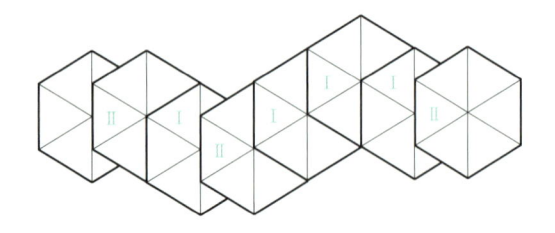

> **解答**
> ①：10cm²
> ②：9.5cm²
> ③：32.5cm²

　前問は、小さな三角形に注目するように線を引きました。次の問題も、小さな三角形がポイントのひとつですが、こちらはおもしろい工夫を考えることができます。

第2章　思考力を高める「面積の計算」

問題18

図は1個の面積が9㎠の正三角形です（線は目安のために引いています）。この三角形を組み合わせて、図形を作ります。このとき、それぞれの三角形のひとつの頂点が隣り合う三角形の中心になっています。

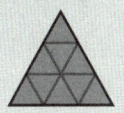

①～③の面積を計算してください。

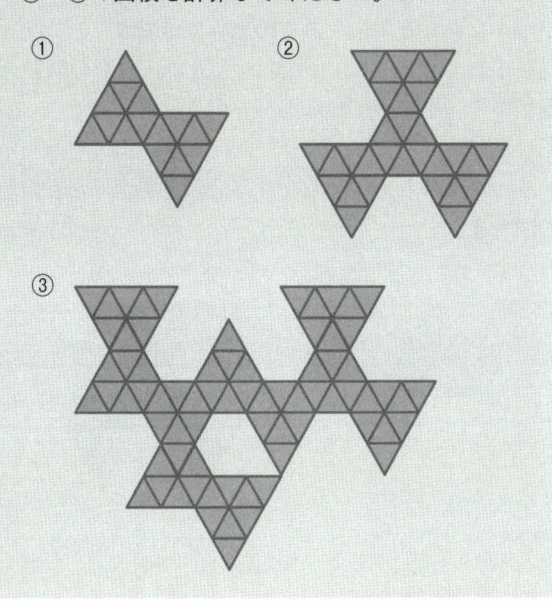

①

②

③

これくらいの個数ならば、計算せずとも、小さい三角形の個数を数えても面積は出せます。しかし、その方法だけに固執(こしゅう)すると、「やっぱり面積の計算は頭を使わない」と、言われそうです(「評論家」に何を言われようと気にしませんが……)。

　のちの計算のために、まず、大きい三角形(面積9㎠)の個数と、重なった部分の面積を計算してください。もちろん、小さい三角形を数えていく方法もありますが、③の規模になると、計算まちがいも生じかねません。そのようにして計算まちがいをすると、「計量は、思考力がつかない」と主張する方の思うツボです。

　私がおすすめしたいのは、「大きい三角形の個数分の面積から、重なっている部分を引く」方法です。

　この方法のために、重なり部分に色をつけたものが下の図です。

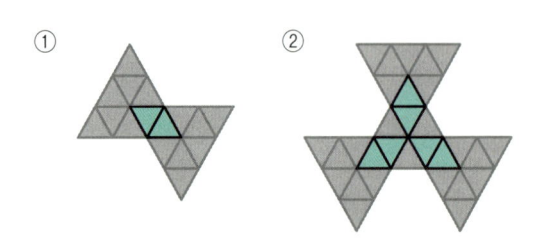

① ②

③

①は、大きい三角形2個で、重なった部分は2（cm²）ですから、$9 \times 2 - 2 = 16$（cm²）

②は、大きい三角形4個で、重なった部分は2（cm²）×3ですから、$9 \times 4 - 2 \times 3 = 30$（cm²）

③は、大きい三角形10個で、重なった部分は2（cm²）×9ですから、$9 \times 10 - 2 \times 9 = 72$（cm²）

解答
①：16cm²
②：30cm²
③：72cm²

コラム②
スカイツリーからの眺望を測る

　2012年のスカイツリー完成後、一時期、テレビ局から「スカイツリーからどれくらい遠くまで見渡せますか？」という相談が、よく来ました。開業6年前に刊行した『数学脳』(桃崎剛寿氏との共著)の中で、計算していたからです。

　その計算には、直角三角形の3辺の間に成り立つ「ピタゴラスの定理(中学校で学習、下の左図)」を用います。ここから、下の右図が描けます(6370kmは地球の半径)。このxこそ、求める距離で、計算すると75.7kmとなります。

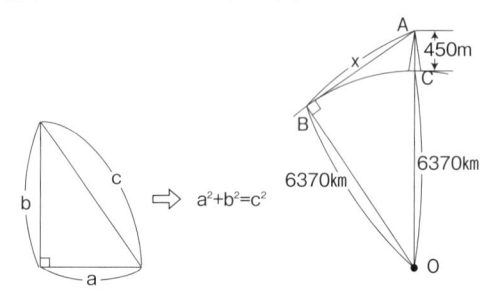

$a^2+b^2=c^2$

ところが、ネットでは約200km離れた苗場山まで見えるとの報告があります。その理由は、下の図のように考えればよいのです(熊谷付近で約75km)。

第2章　思考力を高める「面積の計算」

思考力が必要とされる問題

ここまでは、あまり思考力を使った気がしない!?　では、次の問題です。

問題19

1個の面積が9cm²の正三角形を14個組み合わせて、図形Aを作ります。このとき、それぞれの三角形のひとつの頂点が隣り合う三角形の中心になっています。図形Aの端と端を100個つなげて図形Bを作るとき、Bの面積を計算してください。

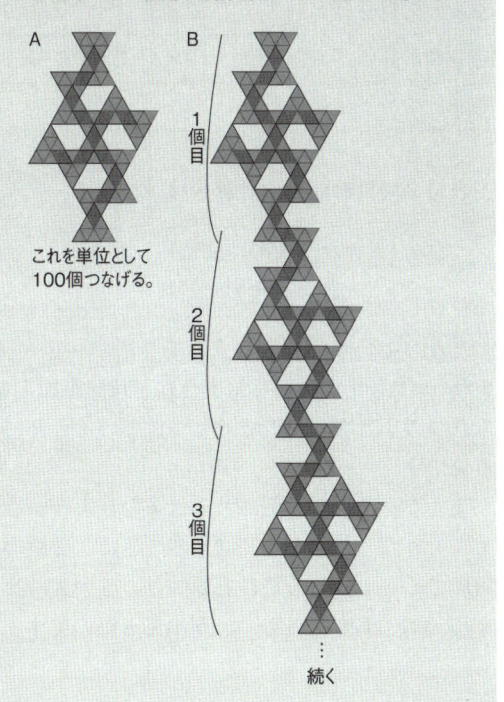

A

これを単位として100個つなげる。

B

1個目

2個目

3個目

⋮

続く

この問題を解くには、単に数えるだけでは無理ですね。まず、問題18を振り返ります。

①は、大きい三角形が2個で16（cm²）
②は、大きい三角形が4個で30（cm²）
③は、大きい三角形が10個で72（cm²）

これを表にすると、次のようになります。

	①	②	③
三角形の個数	2	4	10
重なりの部分	2×1	2×3	2×9
面積の計算式	9×2－2	9×4－2×3	9×10－2×9
面積	16	30	72

表の3段目の面積の計算式は、

9×(大きな三角形の個数)
－2×(大きな三角形の個数－1)

となっています。この式の第2項の－2×(大きな三角形の個数－1)は、新しく大きな三角形を加えるときに、ふたつの小さな三角形でくっついていることによって減る分です。

大きな三角形が1個のときは重なりようがなく、そして、大きな三角形が1個増えるごとに、2個の小さな三角形でくっつけるのでひとつ減り、この式の第2項の2×(大きな三角形の個数－1)が出てきたのです。

第2章　思考力を高める「面積の計算」

この式のカッコを外すと、

　7×大きな三角形の個数＋2

という簡単な式になります。

実際に①は 7×2＋2＝16、②は 7×4＋2＝30、③は 7×10＋2＝72

となっています。これを A のかたまりが 100 個の場合に適用すると、

　7×14×100＋2＝9802（cm²）　となります。

解答
9802cm²

注意1
2×(大きな三角形の個数−1)

この公式は、大きい三角形を加えていくときに、小さい三角形2個のところで重ねていくケースに限られます。問題19の図形は、その条件を満たしています。

しかし、たとえば下の図のようなケースでは使えません。下の図では、最後に大きな三角形を加えるとき、4個の小さな三角形で重ねなければなりません。この重なり部分の数え方には、第1章の植木算と似た構造(環状部分の数だけ重なりがよけいに増える)が見られます。

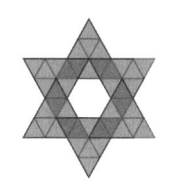

面積：$9 \times 6 - 2 \times 6 = 42$(cm²)

注意2

「植木算」と「三角形をつなげたときの面積」は、分野も求めるものもまったく異なるのに、似た構造が潜んでいます。このようなことを発見できるのも、数学のおもしろさです。

　本章の最後に、〝こってり〟とした(難しいという意味ではありません)問題を挙げます。考えてみてください。

第2章 思考力を高める「面積の計算」

問題20

正方形の四隅を直角二等辺三角形で切ると八角形になります（図1）。その八角形の辺がすべて同じ長さのとき、正八角形と言います。図2は1辺の長さが10cmの正八角形です。この正八角形の面積は約583cm² となることがわかっています。

①このことを用いて、図3の面積を計算してください。

②図1の頂点をひとつおきに結んで作った正方形（図4）の面積を計算してください。

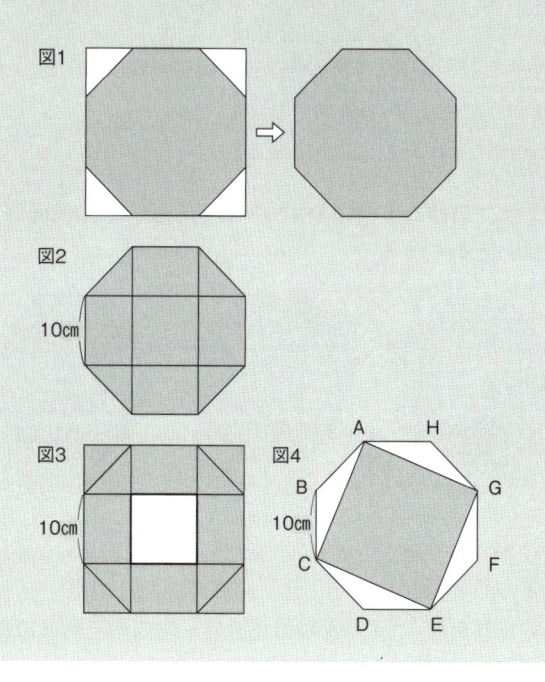

図1

図2
10cm

図3
10cm

図4
10cm
A H
B G
C F
D E

①は、問題14、15のように一部分を移動してみましょう。すると、下の図のように、図3は面積を変えずに正八角形に変形できます。正八角形と同じですから、面積は583cm²となります。

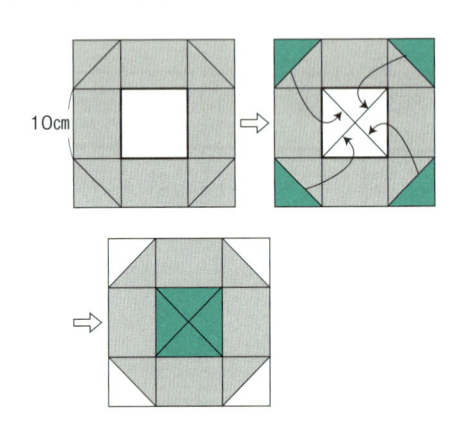

②は、最初に下の図の4つの青色の長方形の総面積を計算します。

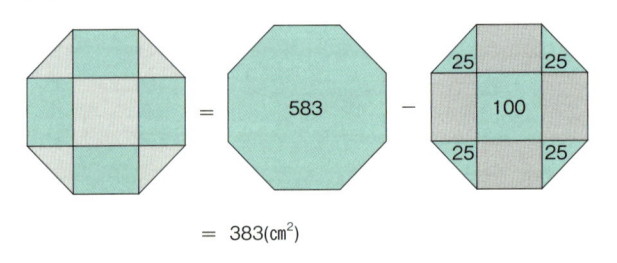

= 383(cm²)

4つの長方形の和
＝正八角形－（まんなかの正方形＋四隅の三角形の和）
＝正八角形－（まんなかの正方形×2）

第2章 思考力を高める「面積の計算」

これを用いて、次のようにして、正方形の面積の計算をします。

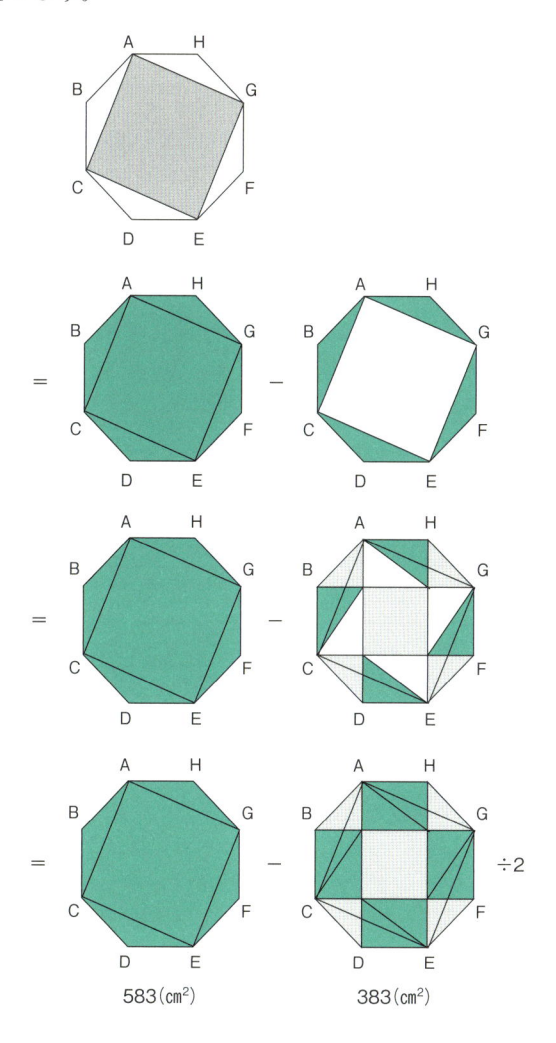

583 (cm²)　　　383 (cm²)

よって、$583 - \dfrac{383}{2} = 391.5$ (cm²)

> **解答**
> ① : 583cm²
> ② : 391.5cm²

第3章
「トイレットペーパーの理論」で解く

トイレットペーパーで考える

　本章では、面積の計算方法について、いろいろな角度から見ていきます。私はかねてより、面積計算に「積分的な考え方」を取り入れるべき、と主張してきました。「積分的な考え方」と言うと、身構える方がいらっしゃるかもしれませんが、なんのことはない、**トイレットペーパーの理論**とも言うべきものです。

　これは、図形を薄くスライスして、その長さの平均を使って計算する方法です。こうすることで、扇形の面積計算が三角形の計算と同じであることが理解できますし、立体の体積、特に中学数学の難関でもある「すいの体積」の計算もできます。

　このように、まったく別のものに見える対象を、高い立場から統一的にとらえて、簡単にすれば、生徒の理解も深まります。私が20年ほど前に刊行した『マンガ・微積分入門』の中に、このトイレットペーパーの理論を入れたのも、そうした理由からです。ちなみに、この考え方は「数学的活動」として、最近の数学教育で推奨されています。

　それでは、トイレットペーパーの理論を使うもっとも簡単な問題から──。

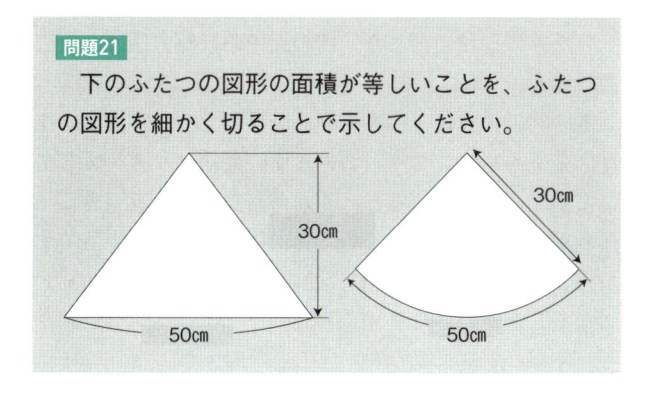

> **問題21**
>
> 　下のふたつの図形の面積が等しいことを、ふたつの図形を細かく切ることで示してください。

　円周率＝直径と円周の比。つまり、どのような円でも、その円周をC（Circleの頭文字）として、直径をd（diameterの頭文字）とすると、次の式が成り立ちます。

$$(C：d) = \frac{C}{d} = \pi$$

　ここから、**C＝πd**となります。直径は半径の２倍ですから、半径をrとすると、直径d＝２rです。
　ここから、円周C＝２πrというおなじみの公式が出てきます。
　この定義には、円の面積については何も言及がありません。そこで、円周率と半径から円の面積を出すときには、円周の長さから円の面積を出さなければなりません。
　しかし、みなさんは、半径rの円の面積S＝πr²となることを知っているはずです。みなさんは、小学校でこれを習ったとき、どのような説明を受けたでしょうか。思い出してください。

ちなみに、私が習った、円の面積の計算方法は、次の通りです。

　下の図のように、円をピザを分けるように等分し、交互に上下を逆にしてくっつけます。最初はクネクネしていますが、細かく切ると、だんだん長方形に近づき、半径も垂直になります。このとき、横は、円周の半分ですからπrで、縦はrです。このことから、面積はπr^2になることがわかります。

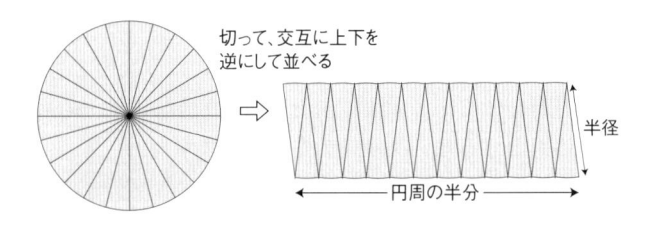

解法1

　この方法で扇形の面積を考えると、下の図のようになります。

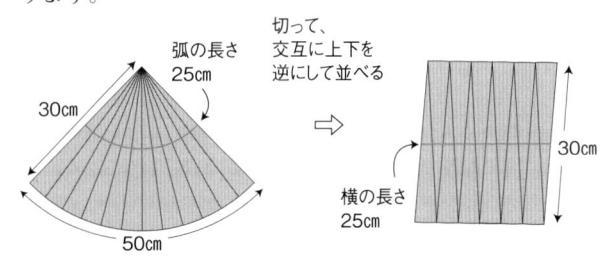

　長方形の面積ですから、$25 \times 30 = 750$ (cm²)

解法2

しかし私は、下の図のように〝トイレットペーパーの側面〟と、とらえる方法（＝トイレットペーパーの理論）を推奨しています。

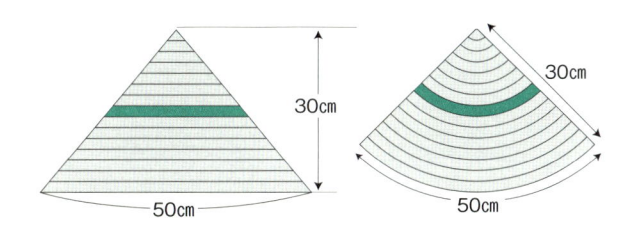

三角形を底辺と平行な線で分割し、扇形は同心円で分割します。すると、まんなかの帯（青色部分）はともに長さが25cmとなり、これが平均の長さです。

ここから、面積はふたつとも、平均の長さ×幅で求められます。

$$25 \times 30 = 750 (\text{cm}^2)$$

解答
750cm²

トイレットペーパーの理論を推奨する理由は、見通しがよくなり、次のようなケースにすぐ応用できるからです。

問題22

　図のような、同じ中心を持つふたつの円と扇形にはさまれた部分の面積を計算してください。

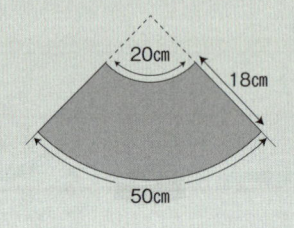

　この問題も、私の若い頃の著書では、解法1（領域を分割して、交互に逆にしてくっつける）を採用しました。もちろん、それでも問題ありませんが、説明するのに大変苦労しました。

　話は逸れますが、私が『マンガ・微積分入門』を書いたとき、トイレットペーパーの理論を前面に押し出すために、その書名に『トイレットの科学』を提案しました。しかし、残念なことに、講談社の編集者はそんな〝下品な〟タイトルを却下しました。まあ、結果的にそれがよかったのか、大変よく売れて、週刊誌まで取材に来てくれましたが……。

第3章 「トイレットペーパーの理論」で解く

余談はここまでにして、問題22を解法2で解いてみましょう。図を見てください。まず、トイレットペーパーの芯のあるロールのようにカットして、平らな床に落とします。

すると、外側の50cmのほうが下(「下底」と言います)で、内側の20cmのほうが上(「上底」と言います)の台形になります。ここに、下図のような擬音を入れると、マンガの表現にピッタリはまります。

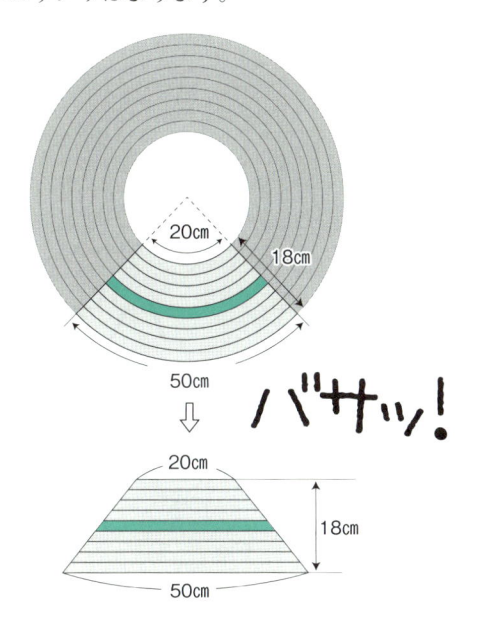

これから、平均の長さ $\{(20 + 50) \div 2\} = 35$ cm、幅18cmが求められます。

そして、面積は $35 \times 18 = 630$ (cm²)と計算されます。

[解答]
630cm²

なお、問題21の解法2は、トイレットペーパーの芯なしロールをカットした形と考えると、わかりやすくなります。

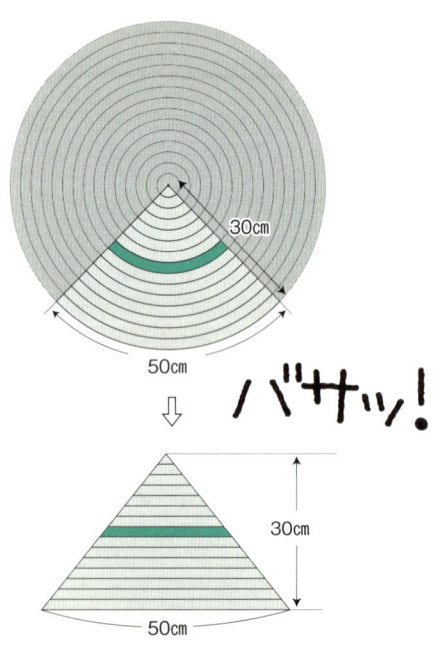

いずれの場合も、面積＝中心線の長さ×幅　と計算できますね。この形（くどいようですがトイレットペーパーです）で覚えておくと、応用範囲が広がります。

第3章 「トイレットペーパーの理論」で解く

中心線で考える

応用の前段階として、次の問題から考えましょう。

> **問題23**
>
> 直径10cmの円が、それぞれの図形の周りを転がって1周するとき、円の通る領域の面積を計算してください。円周率はπを用いてください。
> ① 1辺の長さ30cmの正三角形
> ② 1辺の長さ30cmの正方形

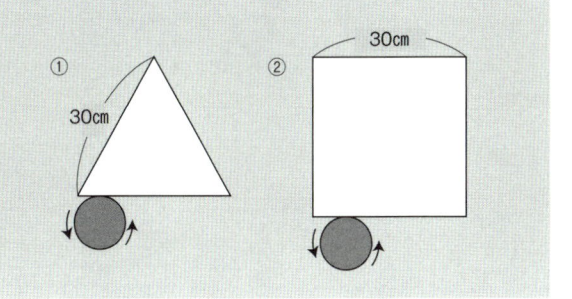

円が動く形は、下の図のようになります。普通は、これを長方形と扇形に分解して計算しますが(簡単にできますね)、ここでは、中心線で考える方法も紹介します。

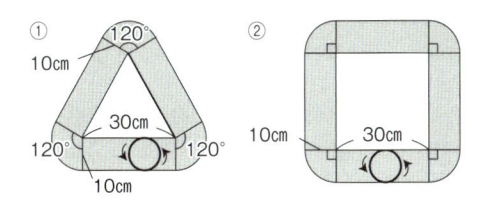

解法1

①円の通る領域は、(1) のようになります。これを直線部分と曲線部分に分けると、3つの長方形とひとつの円になります。

面積は次のように計算できます。

$10^2 \times \pi + 10 \times 30 \times 3 = 100\pi + 900$ (cm²)

(1)

(2)

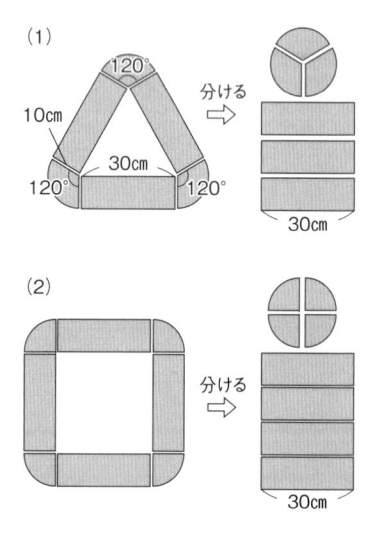

②円の通る領域は、(2)のようになります。これを直線部分と曲線部分に分けると、4つの長方形とひとつの円になります。面積は次のように計算できます。

$10^2 \times \pi + 10 \times 30 \times 4 = 100\pi + 1200$ (cm²)

第3章 「トイレットペーパーの理論」で解く

解法2

「面積＝中心線の長さ×幅」の計算をしてみましょう。

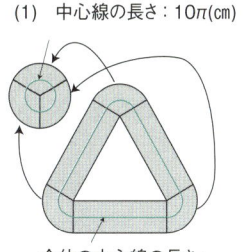

(1) 中心線の長さ：10π(cm)

全体の中心線の長さ：
30×3+10π(cm)

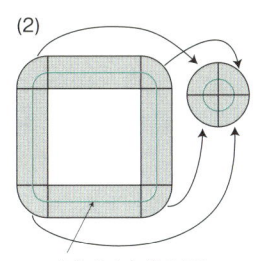

(2)

全体の中心線の長さ：
30×4+10π(cm)

①三角形の周りを転がすと＝(1)、中心線の長さは90＋10π(cm)です。

②正方形の周りを転がすと＝(2)、中心線の長さは120＋10π(cm)です。

これらの値に幅10(cm)をかけると、①は900＋100π(cm²)、②は1200＋100π(cm²)となり、いずれも解法1で計算した面積と等しくなります。

このことから、扇形と長方形や台形をつなぎ、元に戻る帯の図形の面積は、「面積＝中心線の長さ×幅」という公式が成り立つことがわかります。

解答

① : 100π＋900cm²

② : 100π＋1200cm²

それでは、「中心線」の考え方を用いることが効果的な問題を挙げましょう。

問題24

図のような、お掃除ロボットがあります。これは直径35cmの円盤で、動いた距離がわかるメーターがついています。このロボットが、ロビーの柱に接触しながら、1周して元に戻りました。その間に進んだ距離は14mでした。このとき、お掃除ロボットがお掃除した面積を計算してください。

ちなみに、お掃除ロボットは円形ですが、円盤の下を掃除するものと考えてください。また、柱の形状はこちらから見える部分しかわかりませんが、底面が凸n角形の柱らしいという情報があります。

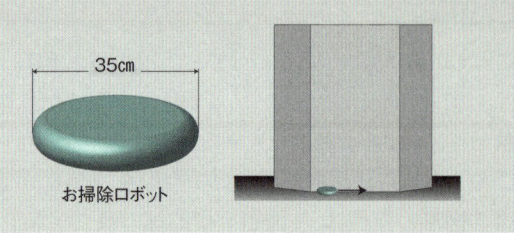

35cm
お掃除ロボット

ヒント

柱の底面の多角形の形はよくわかりませんが、仮に柱の底面が正七角形として計算してください。

ヒントを踏まえて、正七角形の図を描いてみました。青色の円が、お掃除ロボットです。柱の周りを接触しながら回るのですから、辺のときは長方形で、角では扇形になります。

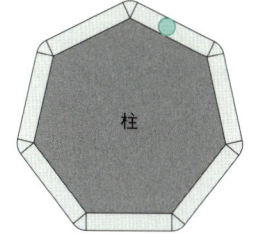

いずれの場合も、「面積＝中心線の長さ×幅」として計算されます。中心線は下の図の青い線ですから、この中心線と面積との関係を考えると、
「幅」＝お掃除ロボットの直径　になります。

よって、面積は「中心線の長さ×幅」を両方ともcmにそろえて計算します。

$$1400 \times 35 = 49000 (cm^2) = 4.9 (m^2)$$

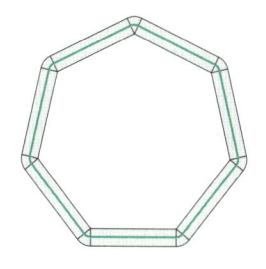

この計算で、多角形の形はそれほど問題にはならないことがわかります。ですから、この計算はどんな凸n角形でも成り立つのです。

> [解答]
> 49000cm²（あるいは 4.9m²）

この問題を凸 n 角形にしたのは、凹んだ角があれば、その角の隅が掃除機の動く範囲から外れてしまうからです。円形のお掃除ロボットでは、下の図のように、部屋の角には行くことができません。そのため、本体からブラシが出て吸い込むのですが、なんとなく不安です。

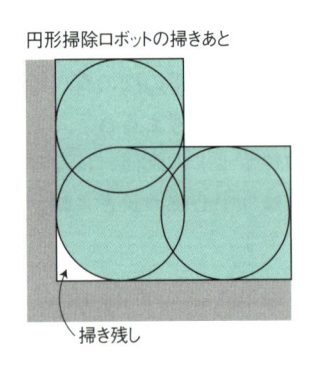

円形掃除ロボットの掃きあと

掃き残し

ここで、数学的な考察を加えます。掃き残し面積をゼロにするには、ロボットの形を正方形や三角形にしてみます。ロボットの角と部屋の角を合わせ、必要な角度だけ回転すれば、掃き残しは生じません。

しかし、この形では、転がったときの軌跡が帯のようになりませんし、スムーズに動きません。その問題を解決したのが、ルーローの三角形です。ちなみに、この形のお掃除ロボットは、日本のＰ社が最近発売したばかりです。

第3章 「トイレットペーパーの理論」で解く

ルーロー形掃除ロボット

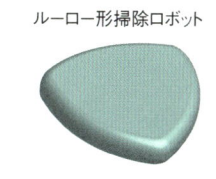

ルーロー形掃除ロボットの掃きあと

掃き残し

　このルーロー形は、19世紀にドイツの機械工学者・ルーローによって開発され、現在のロータリーエンジンにも使われています。ドリルの先にルーロー形をつけて穴をあけると、ほぼ正方形の穴があくことでも知られています。

　つまり、このような90°の凹んだ形を考えると、ルーロー形は必然でもあるのです。白物家電の本体に、数学から生まれた電子頭脳が詰まっていることはよく知られていますが、このように目に見える形で、数学による成果が出てきたのは久しぶりです。

第4章
「相似」感覚を養う問題

相似を使って、計算する

人間は相似の感覚を持っているおかげで、たとえばマンガを読むとき、同じ人物がアップで描かれたり小さなコマに収まったりしていても、同じ人物と認識することができます。

もし、この感覚がなければ大変です。なにしろ、大きさが違うと、すべて違う人物と見えてしまうので、マンガ家は、同一人物をすべて同じ大きさで描かねばならず、特定の人物をアップにして「なるほど、わかったぞ!」と叫ぶシーンは描けません。

このように、絵画など表現の世界では、相似のものを同じとみなすことがいかに重要かわかりますね。現実の世界でも、これは変わりません。たとえば地図などは相似形です。実物が大きすぎて描ききれないから、縮小しているのです。また、建築家は建築物を建てるとき、紙や石膏でその完成模型を作って施主に見せます。これは外見上、完全な相似形です。

では早速、相似に関する問題を解いてみましょう。

問題25

八百屋でスイカの特売がありました。大きいスイカは500円、それよりすこし小さいスイカは3個で同じ値段です。A君は念のために写真を撮り、写真から測ってみると、小さいスイカの直径は大きいスイカの$\frac{2}{3}$でした。A君は「これなら小さいスイカ3個のほうが得だ」と八百屋に走りました。あなたならどうしますか。スイカはほぼ球体とみなし、体積の比較だけで判断してください。

| 500円 | 大特売！なんと3個で500円 |

　A君は、「小さいスイカは大きいスイカの$\frac{2}{3}$であり、それが3個なので、$\frac{2}{3} \times 3 = 2$となり、大きいスイカの2倍なので超お得！」と計算したのです。しかし、本当にそれでよいのでしょうか。

　これは比の問題と考えてよいのですから、たとえば大きいスイカの半径を30cm、小さいスイカの半径を20cmと考えてもかまいません。しかし、さらに計算しやすくするために、大きいスイカの半径を3cm、小さいスイカの半径を2cmとして計算しましょう。

87

半径 r の球(きゅう)の体積(V)：$V = \dfrac{4\pi r^3}{3}$

大きいスイカの体積は、公式に r ＝ 3 を代入(だいにゅう)して、$\dfrac{4\pi 3^3}{3}$（cm³）。

小さいスイカの体積は、同様に r ＝ 2 を代入して、$\dfrac{4\pi 2^3}{3}$（cm³）。

大きいスイカと小さいスイカの相似比は 3：2 なので、体積の比は $\dfrac{4\pi 3^3}{3}：\dfrac{4\pi 2^3}{3} = 3^3：2^3 =$ 27：8

　　大きいスイカ 1 個：小さいスイカ 3 個
　　＝ 27：8 × 3 ＝ 27：24

かなり違いますね。小さいスイカ 3 個は大きいスイカ 1 個にかなわないのです。写真まで撮って比較した A 君は、相似比と体積比のマジックにひっかかってしまったのです。ここで、相似比が 3：2 ならば、体積比は 3^3：2^3 になったことに注意してください。

相似比が m：n ならば、体積比は m³：n³ になるのです。このことを**体積比は相似比の 3 乗になる**と言います。

第4章 「相似」感覚を養う問題

解答
大きいスイカを買う

前問で、相似比がたいして違わなくても、体積比が意外に大きな差となって現れることがわかりました。では、面積の比ではどうでしょう。

次の問題は正方形に内接する円、その円に内接する正方形、さらに、その正方形に内接する円……と続く図形についてです。

問題26

図の青色部分の面積を計算してください。円周率は π を用いてください。

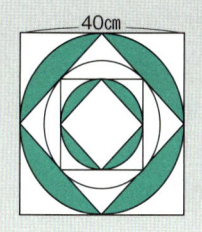

40cm

一番外側の正方形とそれに内接する円の面積は、簡単に計算できますね。まず、それを計算してみましょう。

外側の青色部分：一番大きい円の半径は20cmですから、面積は $\pi \times 20^2 = 400\pi$ (cm²)。

この円に内接する正方形は、底辺が40cm、高さ20cmのふたつの三角形が合わさったものですから、面積は $\dfrac{40 \times 20}{2} \times 2 = 800$ (cm²)。

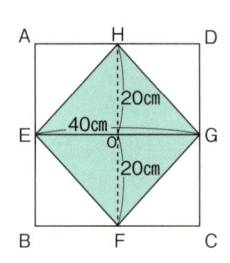

よって、下の図より、

外側の青色部分の面積
＝一番大きい円の面積－それに内接する正方形の面積
＝ $400\pi - 800$ (cm²)

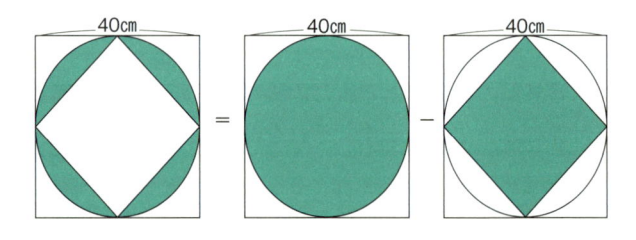

第4章　「相似」感覚を養う問題

内側の青色部分：下図の青色部分は、外側の灰色部分と相似になっています。

その相似比は1：2。よって、

内側の青色部分の面積＝$\dfrac{400\pi-800}{4}=100\pi-200$（cm²）

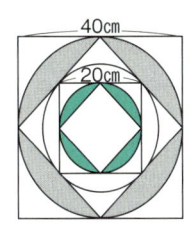

これらふたつの面積の和は、

$\{400\pi-800\,(\text{cm}^2)\}+\{100\pi-200\,(\text{cm}^2)\}$
$=500\pi-1000\,(\text{cm}^2)$

解答

$500\pi-1000$ cm²（πを3.14として計算すると570cm²）

問題26は、相似比が1：2なので、縦横ともに$\frac{1}{2}$となり、面積が元の図形の$(\frac{1}{2})^2 = \frac{1}{4}$になることを利用しました。

　ここまで、ふたつの問題で利用したのは、相似比と体積比・面積比の関係でした。ここで、その性質をまとめておきます。

相似な図形で相似比がm：nのとき、
面積比＝m²：n²
体積比＝m³：n³

　なぜ、面積比は2乗になるのでしょうか。面積の基本は、たくさんの小さな正方形の「縦×横」で計算します。この「縦」も「横」もm：nになるので、比は2乗になるのです。同様に、体積比では、たくさんの小さな立方体を基本にして、「縦×横×奥行き」で計算するので、3乗になるのです。

　では、この性質を頭に入れて、次の問題を解いてみましょう。

第4章 「相似」感覚を養う問題

問題27

　図のような、正八角形500m²の土地があります。この土地に、1辺の$\frac{1}{5}$の幅の道を4本つけて花壇にしました（4つの道はまんなかを通ります）。花壇の広さを計算してください。

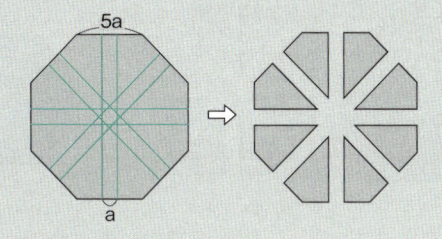

下の図のように、花壇の土地を(頭の中で)寄せて考えます。すると、花壇の土地は元の正八角形と相似になります。その相似比は、

元の正八角形の1辺の長さ：寄せてできた正八角形の1辺の長さ＝5：4

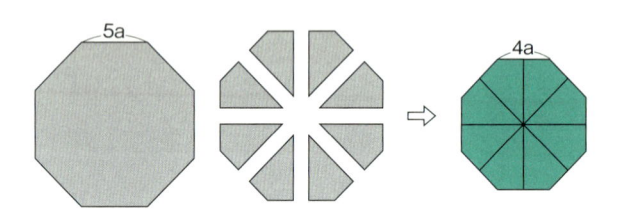

よって、

元の土地の面積：花壇の面積＝25：16
500：花壇の面積＝25：16

ゆえに、内項の積は外項の積と等しいので

花壇の面積＝$\frac{500 \times 16}{25}$ (m²)

> 解答
> 320m²

たった$\frac{1}{5}$の幅の道をつけただけで、面積は4割近くも減少するのが相似比と面積比の意外なところです。逆に、土地の面積と建坪を比べて、「庭が広い」と思っても、実際に見てみると、そうではなかったりするのも、相似比と面積比のなせる業です。

第4章 「相似」感覚を養う問題

角すいと円すいの問題

　相似比と面積比・体積比の両方にかかわった問題もあります。

　その前に、そこで出てくる立体の名前を紹介しておきます。下の図のように、角すい（あるいは円すい）を平面で切ってできる立体を角すい台（あるいは円すい台）と言います。角すい・円すいの体積は、下の公式から計算できます（第7章の171〜172ページで詳述）。

$$すいの体積 = \frac{底面積 \times 高さ}{3}$$

角すい台の作り方

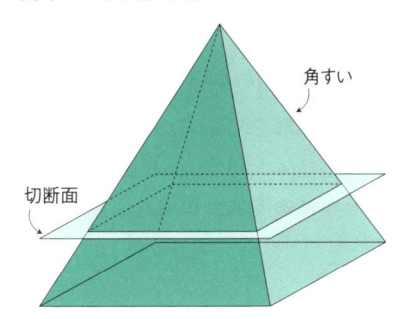

95

それでは、問題です。

> **問題28**
>
> 上面が9cm²の正方形、底面が16cm²の正方形の角すい台があります。高さを1cmとしたとき、この角すい台の体積を計算してください。
>
> 上面9cm²
> 高さ1cm
> 底面16cm²

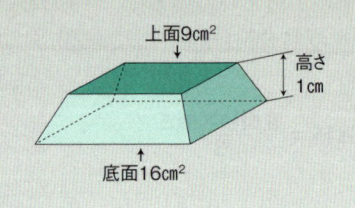

ヒント

角すい台・円すい台に関する問題は、すいを平面で切る前の角すい・円すいの形を出してから、作業することをおすすめします。そして、角すい・円すいの高さを出すときに、相似比と面積の関係が重要な役割を果たします。

第4章 「相似」感覚を養う問題

ヒントにしたがって、元の角すいを描いてみます（下の右図）。その状況をわかりやすく描いた図も入れておきました（下の左図）。

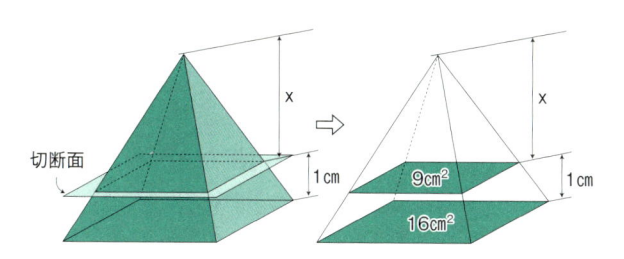

右図と「面積比は相似比の2乗」の公式から、次の関係式が出てきます。

$x^2 : (x+1)^2 = 9 : 16 = 3^2 : 4^2$

つまり、

$x : (x+1) = 3 : 4$

これを満たす x は 3(cm)。……＊

この x の値を用いて、角すい台の体積を計算します。

$$\frac{4 \times 16}{3} - \frac{3 \times 9}{3} = \frac{64-27}{3} = \frac{37}{3} (\text{cm}^3) \cdots\cdots **$$

> 解答
> $\frac{37}{3}$ cm³ (あるいは 12.333cm³)

　なお、注意してほしいところに＊をつけました。

　＊で、いきなり x ＝ 3 を出しましたが、私は、「比例式は必ず『内項の積＝外項の積』とすべきだ」という考え方はとりません。「方程式は、いくつか数を代入して成り立てば『ラッキー』と叫んで、その数を書くのが正しい」と思うからです。それを認めないと、因数分解ができませんから(もちろん、これは私の考えで、解く人が好きなように解けばよいのです)。

　＊＊では、式の途中で $\frac{3\times9}{3} = 9$ としないほうがよいでしょう。なぜなら、どうせ、最後まで分母に 3 が残るからです。

　この問題 28 の考え方は、次の問題 29 に発展させることができます。

第4章 「相似」感覚を養う問題

問題29

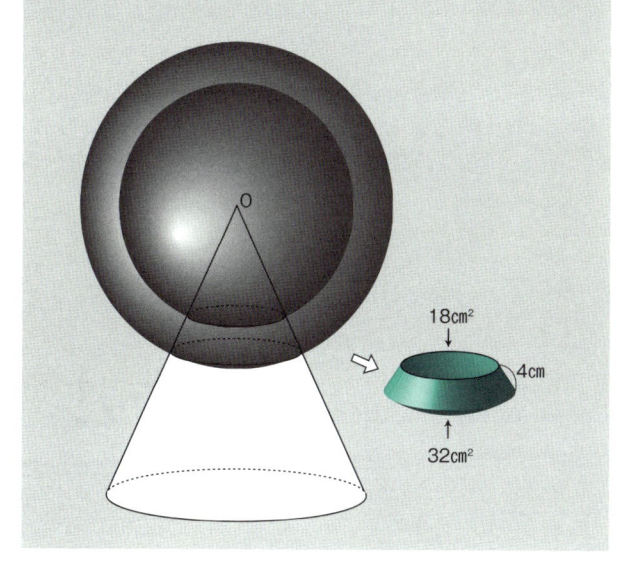

　点Oを中心とするふたつの球面の間にはさまれる部分が、点Oを頂点とする円すいによって切り取られてできる立体（青色の立体）の体積を計算してください。上の曲面の面積は18cm²、下の曲面の面積32cm²、側面の幅は4cmです。

この立体は、「曲面と曲面で囲まれる部分を曲面で切ったもの」で、複雑に思えるかもしれません。しかし、前章の問題22で、曲線と曲線で囲まれた面積を、トイレットペーパーを横から見たものと考える（バサッと落として台形にする）ことを提案しました。

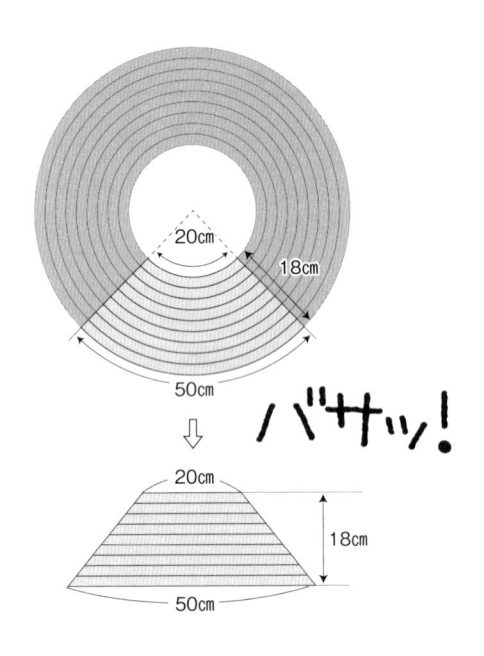

第4章 「相似」感覚を養う問題

　それと同じように考えるのです。今回は、玉ねぎの薄皮のように層になっているものを平らな面にバサッと落とすと、上の曲面の面積が18cm²、下の曲面の面積が32cm²、厚さ4cmの円すい台になります。

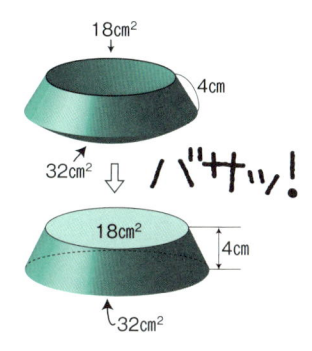

　この体積の求め方は、基本的に角すい台と同じです。円すい台を円すいの一部として見たのが下の図です。

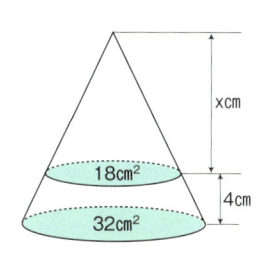

この図と「面積比は相似比の2乗」の性質から、
$x^2 : (x+4)^2 = 18 : 32 = 9 : 16 = 3^2 : 4^2$
これから、$x : (x+4) = 3 : 4$
この式を満たす x は 12(cm)。
「内項の積＝外項の積」から、

$3(x+4) = 4x$
$x = 12$

よって、求める体積は「大きい円すい－小さい円すい」となります。

円すいの体積は、$\frac{底面積 \times 高さ}{3}$ で計算できますから、
$\frac{32 \times 16}{3} - \frac{18 \times 12}{3} = \frac{512 - 216}{3} = \frac{296}{3} (cm^3)$

> 解答
> $\frac{296}{3}$ cm³（あるいは 98.667cm³）

第4章 「相似」感覚を養う問題

相似感覚が必要とされる問題

　一見、相似の問題と無関係に見えるものも、相似感覚によって、明確な形になるものもあります。次の問題は、大学入試で出されたものですが、相似比と面積比の関係を知っていれば、中学生でも（気の利いた小学生でも）簡単に解けるでしょう。高い視点で問題を見ることの有用性は、こういうところにあります。

問題30

　図のように、小さな三角形を組み合わせて大きな三角形を作りました。この三角形に、上から順に（同じ段では左から順に）数字を入れていきます。このとき、101段目の左端に入る数字はなんでしょうか。

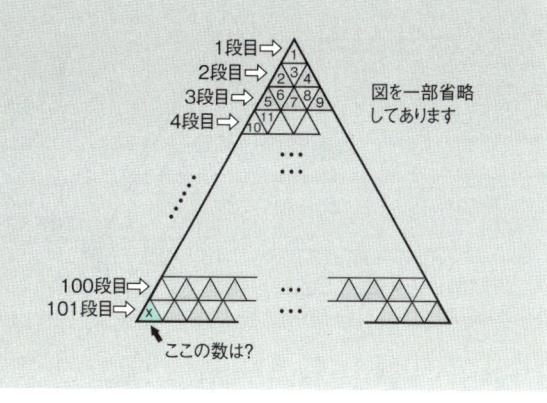

この問題を高校生に出すと、左端に入る数字を並べた数列を書いていきます。

　1、2、5、10、17……

そして、この数列から、階差数列(前後の項の差を並べた数列)を作るのが普通です。この場合の階差数列は、次のようになります。

　1(＝2－1)、3(＝5－2)、5(＝10－5)、
　7(＝17－10)……

もちろん、これでも計算できますが、けっこう面倒です。キーワードは「相似比と面積比」でしたね。

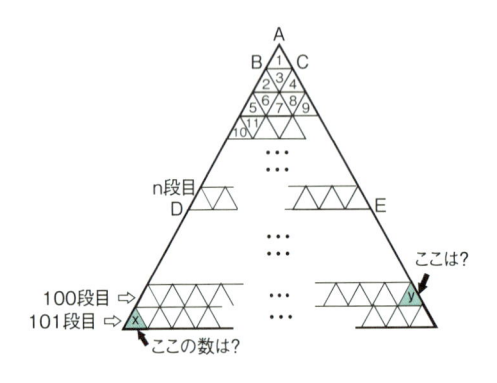

1段目の三角形(△ＡＢＣ)の個数は1個。

2段目までの三角形の個数は、1段目の個数＋2段目の個数ですから、

1＋3＝4。この数は2段目の右端の数と一致します。

3段目までの三角形の個数は、

1＋3＋5＝9。この数は3段目の右端の数と一致します。

︙

n段目までの三角形（△ＡＤＥ）の個数は、n段目の右端の数になります。

また、三角形1個の面積が1cm²とすると、n段目までの三角形の個数は、△ＡＤＥの面積（cm²）を表わすことになります。

そして、△ＡＢＣと△ＡＤＥは相似であり、その相似比は、

1：n（1段：n段）です。

面積比は相似比の2乗に比例することより、

△ＡＢＣの面積：△ＡＤＥの面積＝1²：n²

よって、n段の右端に入る数はn²。

100段目の右端に入る数yは、

y＝100²＝10000

101段目の左端に入る数xはその次ですから、10001となります。

解答
10001

第5章
ドミノと
「敷き詰め・切り抜き」
問題

ドミノを利用した問題

　本章では、正方形をつないでできる図形を取り上げます。その形状から、簡易・単純に見えますが、なかなか奥行きが深く、数学的思考力が求められます。

　正方形をふたつつないだものを「ドミノ」と呼びます。これは、ヨーロッパでは古くから遊ばれている「ドミノゲーム」のコマの形です。ドミノのコマは、「ドミノ倒しの世界記録に挑戦！」など、テレビ番組で見たことがある人も多いでしょう。

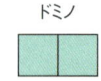

ドミノ

　もっとも簡単なドミノゲームを紹介しましょう。

　図のように、ふたつの正方形には、サイコロと同じ数字（空白は0を表わす）が書かれています。2人に同じ数のドミノを配り、残りは横に積んでおきます。ドミノの端の数字と自分の手持ちのコマが同じとき、くっつけることができます。くっつけるところがなかったら、休み（あるいは積んであるコマから加えるルールもあります）、早くコマを使い切った人が勝ちとなります。

　図の場合、3つの端に2と5しか出ていませんので、2か5を含んでいるコマがあれば、くっつけてコマを減らせますが、そうでないときは、減らせません。

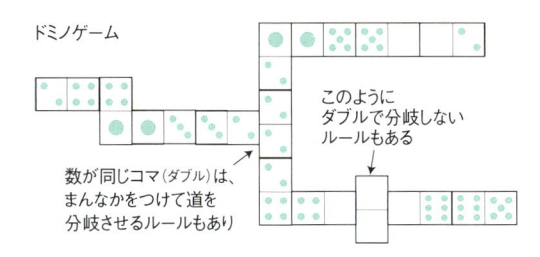

第5章　ドミノと「敷き詰め・切り抜き」問題

ドモノゲーム

このように
ダブルで分岐しない
ルールもある

数が同じコマ（ダブル）は、
まんなかをつけて道を
分岐させるルールもあり

　このドミノを利用した数学的思考力を養うパズルがあり、日本では、畳を敷く問題として知られています。読者の中には、すでにご存じの方もいらっしゃるでしょうが、あとの問題にもかかわるので、軽く触れておきます。

問題31

　図のような8畳間に、畳8枚を敷いてください。ただし、畳を切ってはいけません。また、畳の合わせ目が十字にならないように（下段の図の●）、つまり、4枚の畳が集まる角が出ないようにしてください。

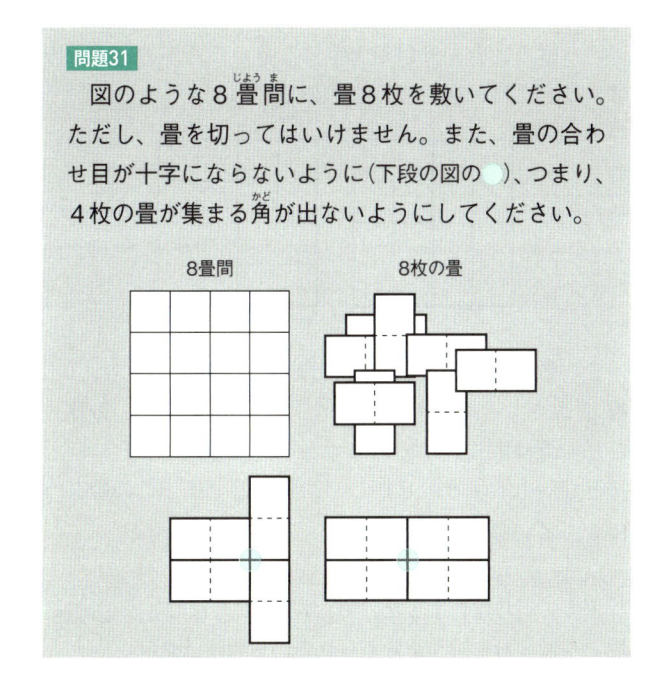

8畳間　　　　　8枚の畳

109

> **解答**
> 下の図は1例です

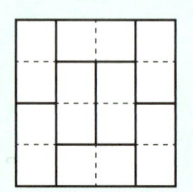

　この敷き方は、間取り図などでおなじみのもので、「祝儀敷き」と呼ばれます。お祝いのときはもちろんですが、日常でもこの敷き方をしています。
　いっぽう、合わせ目が十字になるところがある敷き方は、たとえば、次のようなものです。

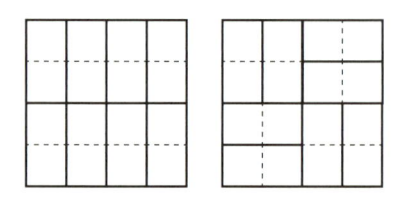

　この敷き方は、葬儀などで使われることがあり、「不祝儀敷き」と呼ばれています。一般家庭では、お葬式などの際は取り込んでいますから、敷き直すことはほとんどないでしょう。しかし、お寺などでは、この敷き方になっているはずです。

　ドミノから離れましたので、すこし戻しましょう。次は、数学的思考力を養うと考えられている問題です。

第5章 ドミノと「敷き詰め・切り抜き」問題

問題32

　図のような17畳間に、畳17枚を敷けるでしょうか。敷ける場合はその敷き方を描き、敷けない場合にはその理由を述べてください。もちろん、畳を切ってはいけません。

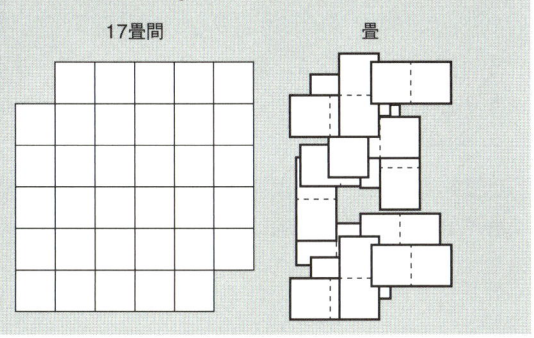

17畳間　　　　　畳

この問題をドミノに変えると、次のようになります。

問題32・ドミノ版

　図のようなプラスチック板を17枚のドミノに切り離すことができるでしょうか……（以下同じ）。

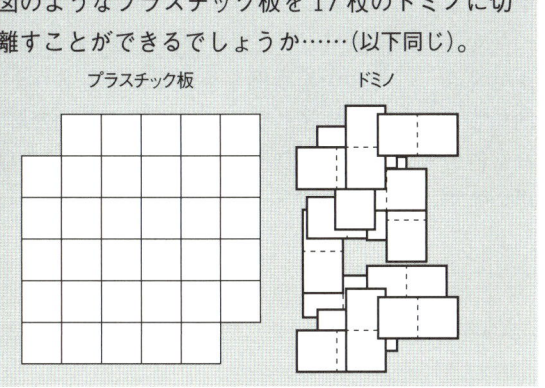

プラスチック板　　　　ドミノ

111

> ヒント

　結論は「敷けない」です。ただ、敷けない理由を説明するのが重要です。ちなみに、「敷く」と「切り離す」では作業内容が180度違いますが、ふたつの問題の本質は変わりません。

　4畳間、5畳間なら、順番に敷いていけば、うまくいかなくなる場所が見つかり、それを順序立てて説明していくこともできるかもしれません。しかし、これくらいの広さになると、そのような試行錯誤的な方法では効率が悪すぎます。この問題は、数学的な感覚が求められるのです。

　この問題を学生たちに考えさせると、「このように敷いたらできませんでした」という解答が多いです。そして、その解答に対して、「敷き方が悪いだけかもしれない」と、他の学生から異議が出ることもまた多いです。その解答でも、正しいこともあります。
　しかし、次に述べる解答ですと、反論する余地がありませんし、いくつかの事例を挙げる必要もありません。簡にして明な解答と言えるでしょう。この問題と解答が、数学的思考力を養うものとして有名なのは、その点だと思います。

解答

敷けない

理由：17畳間を小さな正方形に分け、図のように市松模様（いちまつもよう）に色分けする。同図では、正方形2個＝畳1枚であり、隣り合う正方形の色は必ず青と白になる。つまり、17枚の畳を敷くためには、青と白の正方形が17個ずつ必要となる。しかし、正方形の実際の個数は、青が18個、白が16個であり、敷くことはできない。

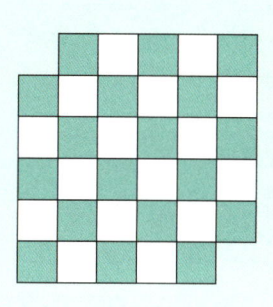

コラム③
3以上と3以下

フィールズ賞を受賞した小平邦彦先生が日本に帰国後、私の大学で講義することになり、楽しみにしていました。

その講義は魅力的でした。さぞ難しいだろうと思っていたら、けっしてそんなことはなく、難しいところはサラリと飛ばすのです。その方法は、のちに自分が講義をするときにずいぶんと役に立ちました。

私が小平邦彦先生の授業で一番驚いたのは、レポートの課題です。

> レポート課題
> 自分のノートの好きなところの3ページ以下を、写して提出せよ。

学生からは、「3ページ以上のまちがいではないですか？」と質問が出ましたが、先生は動じません。

ちなみに、一般的には文系科目のレポート課題は、「〇ページ以上」が多いようです。

「3ページ以下」と「3ページ以上」では、学生が同じ3ページを出したとしても、そのメッセージに雲泥の差があります。数学は簡潔さこそ命なのです。

第5章　ドミノと「敷き詰め・切り抜き」問題

トロミノ、テトロミノ、ペントミノ

　先述のように、ドミノ (domino) はふたつの正方形をくっつけたものです。ラテン語系の言葉において、「do」は「di」「duo」「du」などとともに「2」を意味し、2人組「デュオ (duo)」や板ばさみ「ジレンマ (dilemma)」などに使われています。

　正方形が3つ、4つ、5つの場合もあります。

　正方形が3つの場合……ドミノの辺のひとつに、別の正方形の辺をピッタリと接着して、「トロミノ」を作ります。正方形を接着する外に出ている辺は6個ありますから、トロミノは6種類できそうな気がします。しかし、6通り作っても、回転させて同じ形になるものは同じものとすると、図のようにふたつだけになります。上を「L字型トロミノ」と呼び、下を「直線型トロミノ」と呼びましょう。

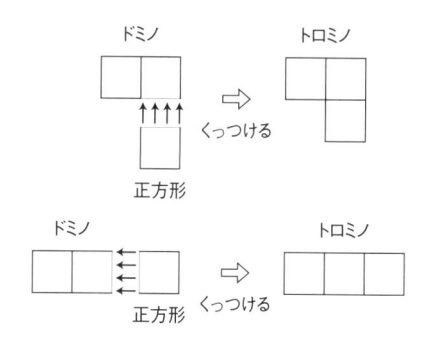

　正方形が4つの場合……トロミノの辺のひとつ（またはふたつ）に、別の正方形の辺をピッタリと接着して、「テトロミノ」を作ります。

　正方形が5つの場合……同じように、テトロミノに正

115

方形を接着して、「ペントミノ」を作ります。

「トロミノ (tromino)」「テトロミノ (tetromino)」「ペントミノ (pentomino)」——これらの名前は、いずれも「3」「4」「5」を意味する接頭詞「tri」「tetra」「penta」に「正方形n個でできた図形」を意味する「n-omino」がくっついたものです。

「tri」は、「triangle (三角形、楽器のトライアングル)」「tripod (3脚)」、「triathlon (トライアスロン)」などが思い出されるでしょう。「tetra」は「tetragon (四角形)」「tetrahedron (四面体)」などに使われています。「penta」は、アメリカ国防総省の「pentagon (ペンタゴン)」が有名ですが、これは建物が五角形であることに由来しています。

このように、簡単に造語できますね。それでは、問題を通してそれぞれの形を見ていきましょう。

正方形3個で構成されるトロミノ、回転してできるものは同じとみなして2種類できることは、さきほど見ました。もう1回、下に示します。

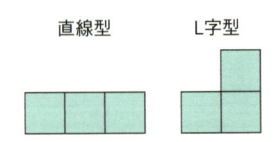

直線型　　L字型

では、まずトロミノで図形を切り抜く問題を考えてみましょう。

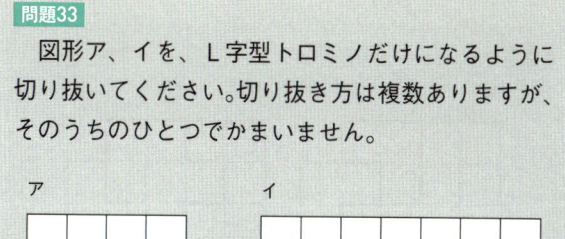

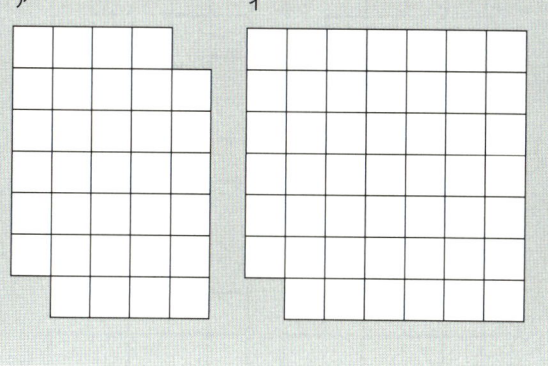

問題33

図形ア、イを、L字型トロミノだけになるように切り抜いてください。切り抜き方は複数ありますが、そのうちのひとつでかまいません。

ア

イ

図の端から順に切り抜いていけば、難しくはありませんが、試行錯誤でやっていくことになります。まず、アの解答例を挙げます。

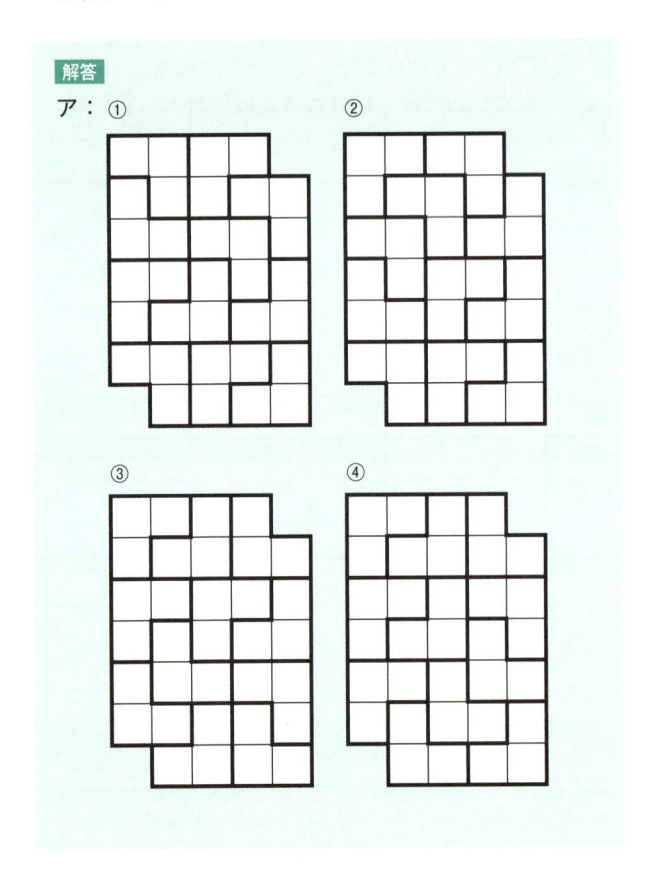

解答

ア：①　　　　　　　　　②

③　　　　　　　　　④

①と③、②と④はそれぞれ180°回転すると、一致します。このような分け方を**点対称の分け方**と言います。

トロミノでも、回転して同じ形になるものは同じものとしましたから、切り抜き方も同様に同じとするのが自然でしょう。つまり、③は①と同じとみなします。同様に、②も④と同じです。解答は2通りとなります。

なお、①と③は図形全体が点対称なので、「点対称の分け方」となりましたが、図形の一部だけが点対称になっているときは「点対称の分け方」とは言いません。

また、1本の直線を折り目として重なるとき、**線対称の分け方**と言います。点対称の分け方と同様に、下の図のカとキ、クとケは同じとみなします。

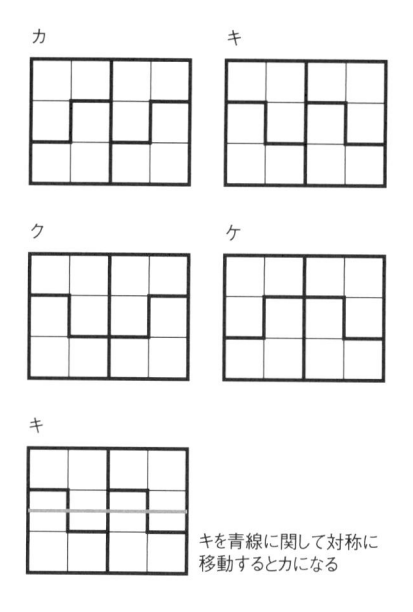

カ　　　　　　　キ

ク　　　　　　　ケ

キ

キを青線に関して対称に移動するとカになる

しかし、カとクは、カを左右に分割すると、カの右側はクの右側と一致し、カの左側はクの左側と線対称ですが、全体としてカとクは線対称の分け方ではなく、別の分け方になります。カとケも同様に、線対称の分け方ではなく、別の分け方です。

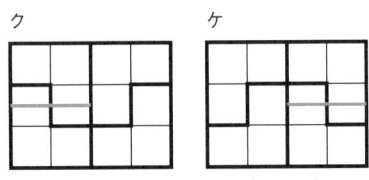

ク　　　　　　　　ケ

青線で線対称移動すると、ともにカになる

このように考えると、実は、アの問題は①〜④の解答例以外にも正解があります。その解答例は、本章の最後に掲載します。

次に、イの解答例を挙げます。

第5章 ドミノと「敷き詰め・切り抜き」問題

解答

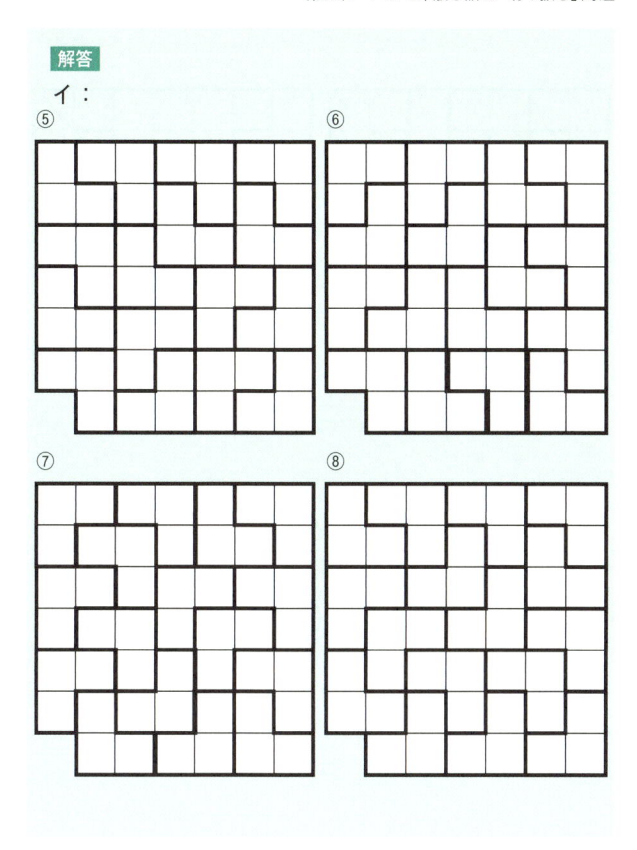

イ：

⑤　　　　　　　　　　　⑥

⑦　　　　　　　　　　　⑧

　今度は180°回転できませんが、122ページの図のように⑤と⑥、⑦と⑧はそれぞれ、右上がり45°の線で線対称になっています。また、⑤の図形は裏返して回転すると、⑥に重ねることができます。確かめたい方は、⑤の図を透かして裏から見てください。

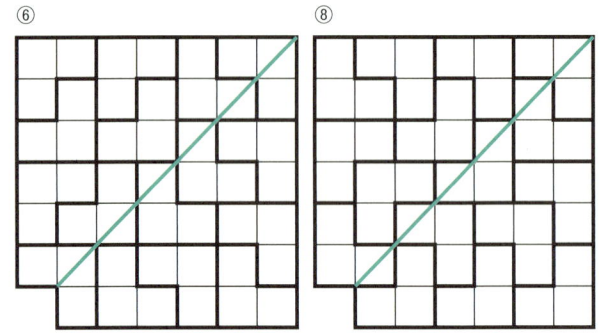

⑥を青線に関して対称移動すると⑤に、
⑧を青線に関して対称移動すると⑦になる

　後述する「テトロミノ」「ペントミノ」では、回転はもちろんのこと、裏返しも認めていますから、切り方についても回転と裏返し、それらを続けて行なったものは同じ切り方と認めるのが自然です。

　よって、⑤と⑥は同じものです。同様に、⑦と⑧は同じものです。結局、ここでも解答は2通りです。イの問題も、解答例以外に正解がありますので、本章の最後に掲載します。

　今度は正方形4個で構成されるテトロミノの問題を見ていきましょう。

122

問題34

正方形3つでできているトロミノは2種類しかありませんでした。では、正方形4つのテトロミノは何種類あるでしょうか。ただし、回転や裏返しなどで同じ形になるものは、同じものとみなします。

トロミノの外に面している辺を数えると、直線型、L字型ともに8辺ずつ計16辺あります。

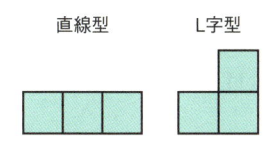

直線型　　L字型

ですから、正方形の接着方法は16通りあります。しかし、回転や裏返しで同じになるものは重複して数えてはいけません。たとえば、直線型トロミノの両端の辺に接着したものは、ふたつとも同じ形になります。重複する形がかなりありますから、作ったあとに、重複分を削っていかなければなりません。

まず、直線型トロミノに正方形を接着する場合（くっつける2つの辺を青色で示しています）、次の3つがあります。

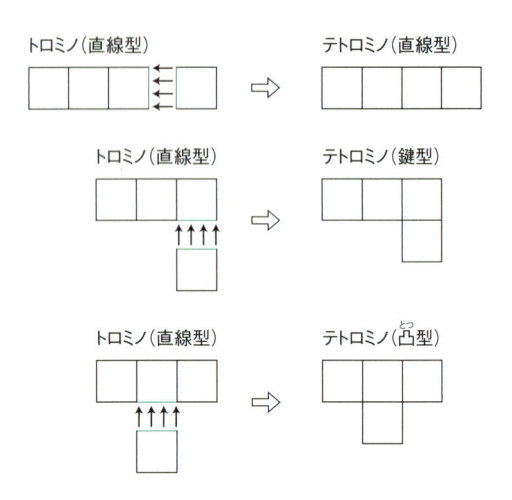

トロミノ(直線型)　　　　　テトロミノ(直線型)

トロミノ(直線型)　　　　　テトロミノ(鍵型)

トロミノ(直線型)　　　　　テトロミノ(凸型)

　どのトロミノから作ったテトロミノかわかりやすくするために、下の図のように、接着した正方形を青色で示します。これは、できた形が重要で、作り方はそんなに問題ではありません。

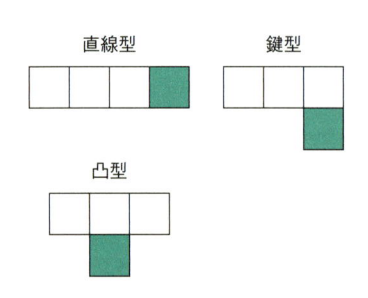

直線型　　鍵型

凸型

124

第5章 ドミノと「敷き詰め・切り抜き」問題

　ちなみに、次の形は、124ページのテトロミノ（鍵型）を裏返したものと同じです。

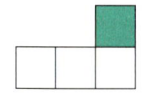

　次に、L字型トロミノに正方形を接着する場合を考えます。

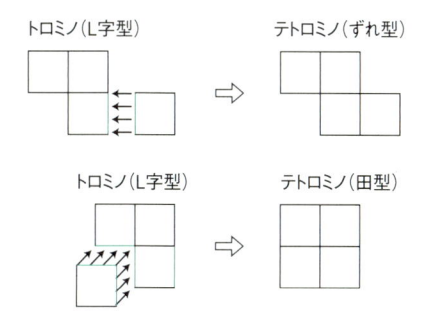

トロミノ（L字型）　　　　　　テトロミノ（ずれ型）

トロミノ（L字型）　　　　　　テトロミノ（田型）

　接着した正方形を青色で示すと次のふたつが新たに出てきます。特に田型は、2辺に接着する、今までにない作り方になっていることに注意してください。

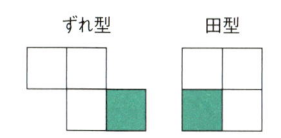

ずれ型　　　田型

　L字型トロミノに正方形を接着してできる形が少なすぎると思う方もいるかもしれません。しかし、これ以外にできる形は、すでに直線型トロミノで作っている場合

125

が多いのです。その例も見ておきましょう。図の上にあるのは、直線型トロミノで作ったときの名前です。

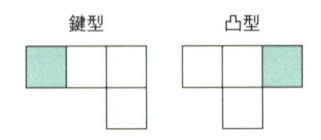

鍵型　　　凸型

結局、テトロミノは5種類になります。

> [!NOTE]
> **解答**
> **5種類**

念のために、その5種類と名前を並べておきます。

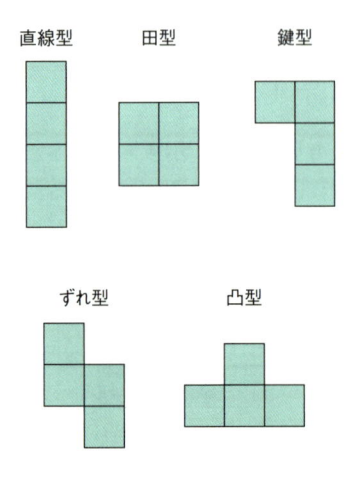

直線型　田型　鍵型

ずれ型　凸型

第5章 ドミノと「敷き詰め・切り抜き」問題

　正方形5個で構成されるペントミノは、次の12種類です。それぞれの形から、アルファベットの名前がついています。

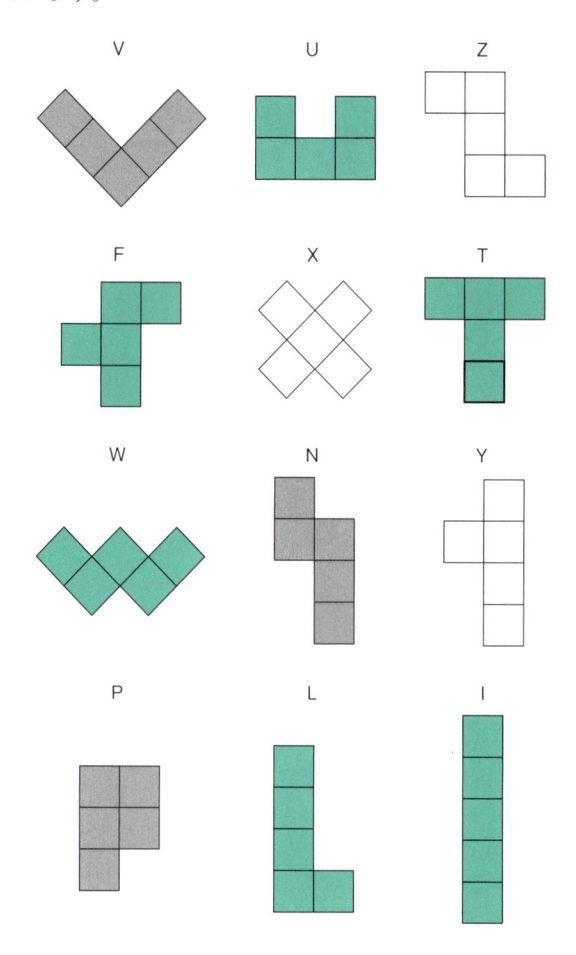

V　U　Z

F　X　T

W　N　Y

P　L　I

127

ペントミノには、ドミノのようなゲームはありません（トロミノ、テトロミノも同様です）。しかし、図形が12種類と豊富で、形遊びとしてほどよく難しくできることから、正方形6個×10個に収めた形で販売されています。

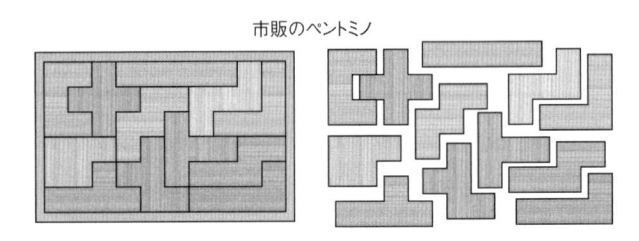

市販のペントミノ

　この6×10の箱には、回転や裏返しを同じものとしても、2339通りの入れ方があります。この入れ方を考えるだけでも、相当な時間つぶしになります。興味のある方は是非トライしてください。

　ここでは、その中の1種類だけを使う、やさしい問題から解いてみましょう。

問題35

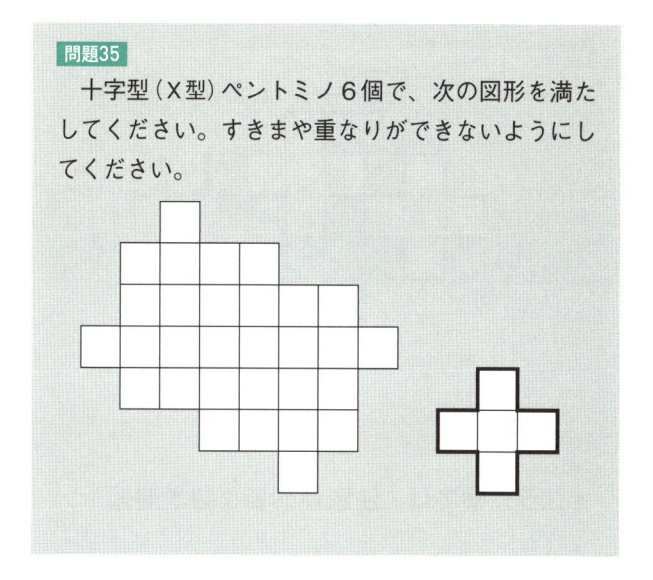

十字型（X型）ペントミノ6個で、次の図形を満たしてください。すきまや重なりができないようにしてください。

ヒント

図形がデコボコしていて、一見難しそうに見えますが、むしろデコボコしているから簡単なのです。入れ方がわかったら、太い線で描いていきましょう。

図形のでっぱっている端に入る十字型は、入り方がひとつしかありませんね。ここから始めると、その隣、またその隣……と、次々にできます。

解答

コラム④
イスラム圏では、注意が必要な数学問題

129ページの問題35は、イスラム圏では扱いに注意すべきです。イスラム社会では、十字に強い抵抗があるからです。それは11世紀から200年あまりも続いた「十字軍」による略奪のためです。

イスラム系諸国では、今でも「赤十字社」の代わりに「赤新月社（せきしんげつしゃ）」があります。

ですから、問題35は「次の図形をX字で満たしなさい」とすべきかもしれません。

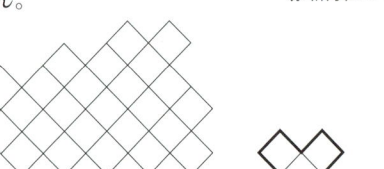

赤新月社のマーク

第5章 ドミノと「敷き詰め・切り抜き」問題

不可能問題の証明

トロミノには、直線型、L字型の2種類ありましたね。今度は、正方形4個×4個から正方形1個を除いた図形Aを考えましょう。

直線型　　L字型

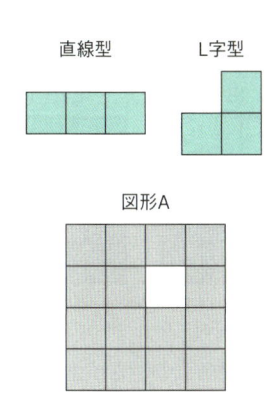

図形A

図形Aには、15個の正方形があります。正方形3個で構成されるトロミノ5個は、正方形15個分ですから、図形Aを（重ならないように）埋め尽くせる可能性があります。

132ページの図のように、トロミノ5個のうち、少なくともひとつのL字型トロミノを使うと、図形Aはトロミノ5個で埋め尽くせます。L字型トロミノの数の順に並べて示します。

131

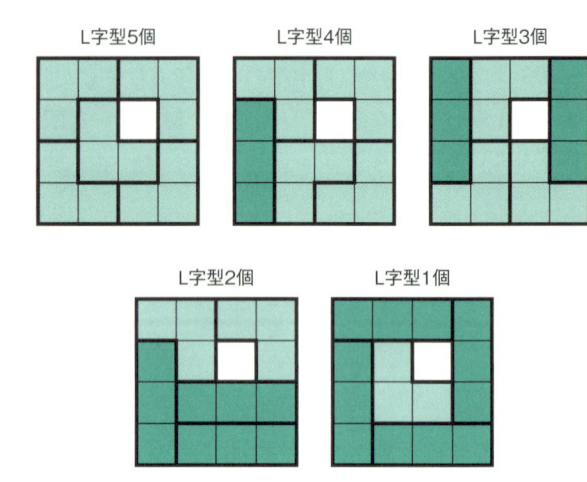

L字型5個　　　　　L字型4個　　　　　L字型3個

L字型2個　　　　　L字型1個

　上の図は、それぞれひとつずつ例を挙げただけで、実際にはたくさんの埋め尽くし方があります。どうぞ、みなさんも別なパターンを考えてみてください。

　それでは、図形Aを直線型トロミノで埋め尽くせるか？　すでに、みなさんも予想されていると思いますが、図形Aを直線型トロミノ5個で埋め尽くすことはできません。

　そのことを証明しましょう。下の図のように、図形Aの正方形を薄い青色・濃い青色・灰色に色分けします。

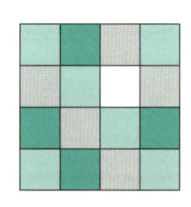

132

第5章　ドミノと「敷き詰め・切り抜き」問題

　このとき、直線型トロミノをどこに置いても、そのトロミノの3つの正方形は、薄い青色・濃い青色・灰色の正方形ひとつずつを覆います。したがって、もし図形Aが5個の直線型トロミノで埋め尽くせるとすると、図形Aには薄い青色・濃い青色・灰色の正方形が5個ずつあるはずです。

　ところが、実際に数えると、薄い青色6個、濃い青色4個、灰色5個です。これは、矛盾です。このことから、最初の仮定の「図形Aは直線型トロミノ5個で埋め尽くせる」がまちがっていたことになり、「図形Aは直線型トロミノ5個で埋め尽くせない」と結論できます。

　このように、たとえば「ある事実H（Hypothesis［仮定］の頭文字）が成り立つ」と仮定して、矛盾が生じることによって、「Hが成り立たない」と証明する方法を**背理法**と呼びます。

> 注意
>
> 下の図のように、色の塗り方を線対称にすると、すべての色の数が等しくなり、証明には使えません。

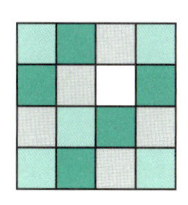

テトロミノは、正方形4個で構成され、5種類あることはすでに述べました。この5種類のテトロミノを合わせれば、正方形は20個になります。そこで、「5種類のテトロミノをひとつずつ使って、4×5の長方形を埋め尽くせないか」を考えてみましょう。

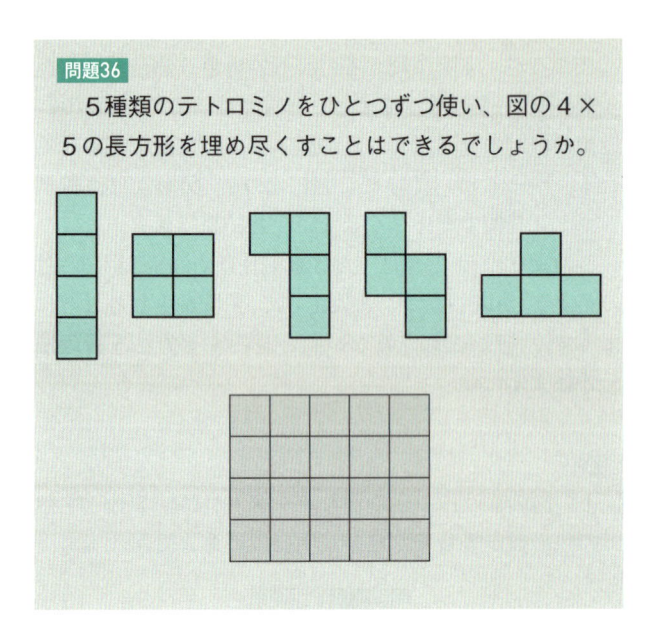

> **問題36**
>
> 　5種類のテトロミノをひとつずつ使い、図の4×5の長方形を埋め尽くすことはできるでしょうか。

第5章　ドミノと「敷き詰め・切り抜き」問題

　では、トロミノの不可能問題で用いた背理法を用いて説明します。まず、問題32と同じように、4×5の長方形を青色と灰色の市松模様に色分けします。

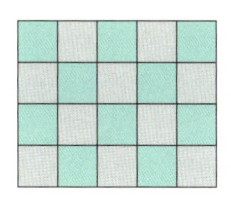

　次の4種類のテトロミノはドミノを2個くっつけた形ですから、長方形の上に乗せるとき、青色と灰色は同じ数の正方形を覆います。下の図は、上下の配色をずらして置いたときの場合です。いずれの場合でも、同じ数になることに注意してください。

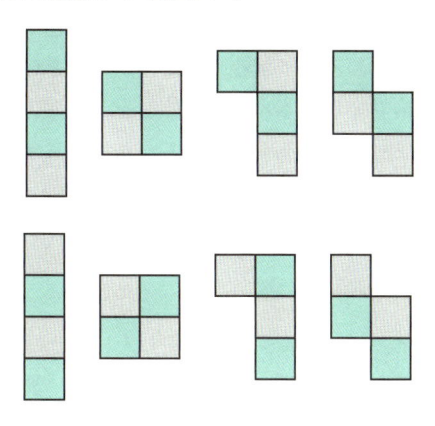

135

残りのひとつのテトロミノ（凸型テトロミノ）は、図のように青色3個＋灰色1個、あるいは青色1個＋灰色3個のどちらかになります。

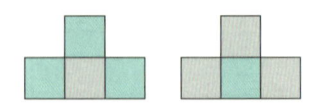

　したがって、「5種類のテトロミノをひとつずつ使って埋め尽くせる」と仮定すれば、どちらかが2個多くなります。

　すなわち、青色の正方形と灰色の正方形の個数は同じではありません。しかし、4×5の長方形は青色10個、灰色10個の同数で塗り分けられて、同じ個数です。これは矛盾です。

　よって、仮定「5種類のテトロミノをひとつずつ使って埋め尽くすことができる」がまちがい、ということになります。つまり、4×5の長方形を5種類のテトロミノをひとつずつ使って埋め尽くすことはできません。

解答
できない

　ちなみに、135ページで「説明」という用語を用いましたが、これは「証明」と同じ意味です。「証明」ではおおげさなときや硬い印象を避けるために、「説明」を使うことがあります。とはいえ、「説明」と「証明」の数学的価値は同等です。　ちなみに、小学生は、「証明」という言葉も知りません。

第5章 ドミノと「敷き詰め・切り抜き」問題

　本章の最後にあたり、お約束通り、問題33の別解答を掲載します。ただし、たくさんありますので、すべては載せられません。あくまで、その一部です。

ア： 解答例のいくつかの長方形部分を
　　 図のように変えたもの

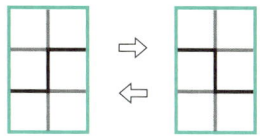

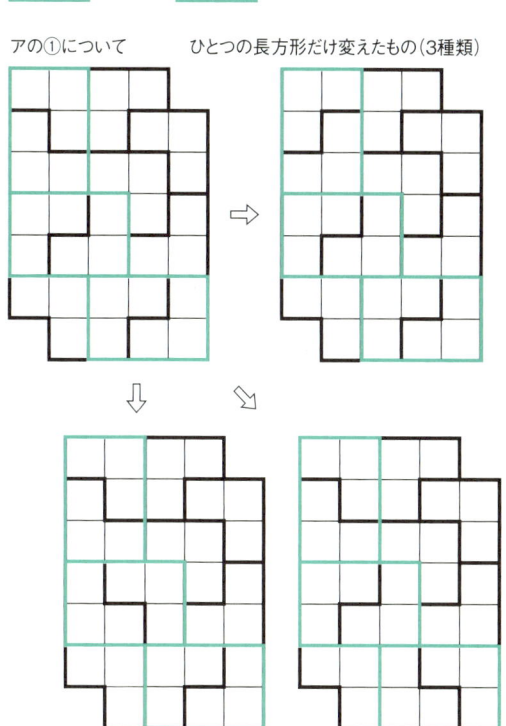

アの①について　　　ひとつの長方形だけ変えたもの（3種類）

137

この他に、ふたつの長方形だけ変えたもの3種類と3つとも変えたもの1種類があり、計7種類です。また、次のようなまったく新しい切り方もあります。

そのような長方形がないもの

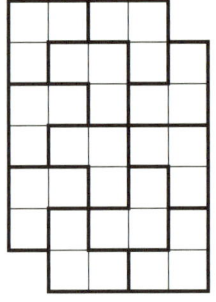

イ：アと同様に、イの長方形部分を、部分的に変えて別解答を作れます。図のように、イの解答⑥には長方形が7個もあります。

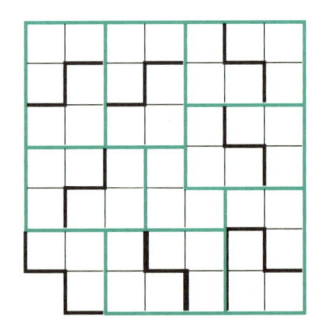

第5章 ドミノと「敷き詰め・切り抜き」問題

イにも、まったく新しい切り方があります。こちらのほうが、広いだけあって、別解もさらに多くなるでしょう。

イの長方形の配置が今までにない例

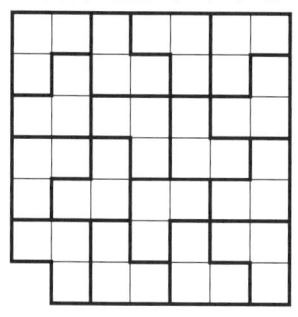

※本章の「不可能問題」は、北海道大学名誉教授・西森敏之氏が理科と数学の魅力に触れる体感型ミュージアム「リスーピア」での小学生向きワークショップ「ドミノ、トロミノ、テトロミノでいろんなかたちをつくろう」で発表したものです。転載をご許可いただいた西森氏に感謝いたします。

第6章
類推(アナロジー)で解く
「立体の切断」

立体の切断、ふたつのポイント

　かなり前のことですが、ある教育系研究会で、中学・高校生と大学生に数学の同じテストをしたときの結果が提示され、大きな反響を呼びました。というのは、公立中学生のほうが教育系大学生よりも点数が高く、問題によっては2倍もの差があったからです。

　そのとき使われたのは、立体を平面で切断する問題でした。このタイプは難関大学の入試でよく出題され、(難問)マークがついていたりします。その発表をなさった先生は、自分の教育方法を示し、「その成果」と胸を張っていました。

　確かに、立体の切断問題は重要なふたつのポイント（後述します）に注意するだけで、得点力が大きくアップします。ですから、それを明確にして指導しただけでも、発表する価値があると思います。

　ただ、テストの結果を大学生と比較してその成果を誇示するのには、いささか違和感があります。大学生にとって、空間図形は中学3年生以来4年ぶりで、記憶も薄れかかっています。

　さらに、中学1年生の多くの教科書で、立体図形は最後に配置されています。私がゼミの学生に聞いたところ、「授業ではそこまでたどりつかずに、教師が『ここは読んでおけ』の対応だった」学生が少なからずいました。

　空間図形の問題は、わかる生徒には簡単だけれど、わからない生徒には理解させるのが難しい、（それゆえか）難関校しか出題されず、授業で飛ばしたくなるのが実情です。

では、誰でもわかるような問題からいきましょう。その前に、復習をしておきます。次のことは、「ユークリッド幾何学（古代ギリシアの数学者ユークリッドが古代ギリシア時代の数学をまとめた『原論』の中で展開していた幾何学）」以来、よく知られています。

空間内の異なる２点に対し、その２点を通る直線はひとつだけ決まる

空間内の３点が１直線上にないとき、その３点を通る平面はひとつだけ決まる

「３点を通る平面がひとつだけ決まる」とは、「それ以外に３点を通る平面はない」ということ。つまり、１直線上にない３点を与えれば、それを通る（含むと言ってもよい）平面が確定するということです。

問題37

次の立方体を３点Ａ、Ｂ、Ｃを通る平面で切ったとき、切り口の図形はどうなるでしょうか。また、そのときにできる立体を描いてください。

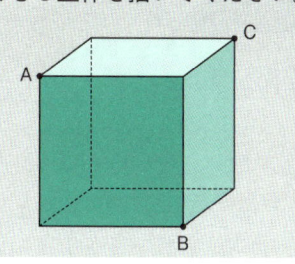

これは誰でもわかるでしょう。すぐに解答に入ります。

まず、3点A、B、Cを結んで三角形を作ります。この三角形は3辺AB、BC、CAの長さが同じですから、正三角形です。

3辺AB、BC、CAが立方体の表面上にありますから、これが切り口となり、3点ABCを結んでできる正三角形を持つ、次の立体ができます。

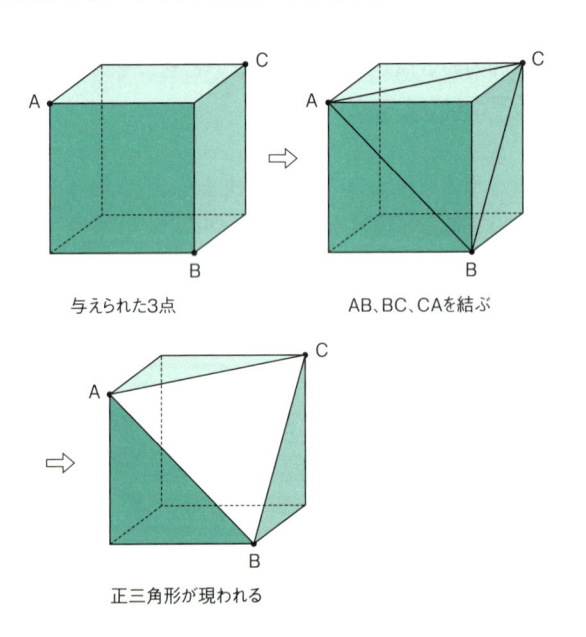

与えられた3点

AB、BC、CAを結ぶ

正三角形が現われる

解答

切り口：正三角形

できる立体：

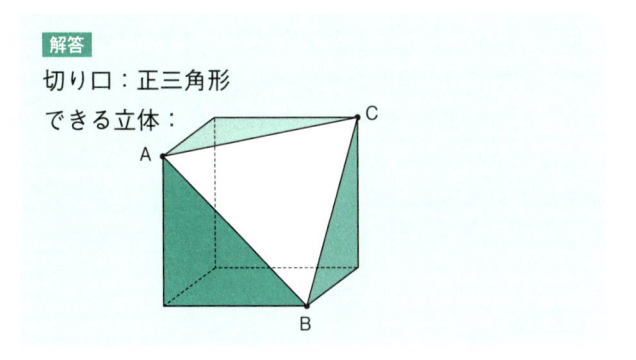

コラム⑤
カヴァリエリの痛風対策

　17世紀のイタリアの数学者・修道士ボナヴェントゥーラ・カヴァリエリは、痛風の激痛を忘れるために数学の研究に没頭、大きな成果を挙げてボローニャ大学の教授になりました。

　彼が導いた「カヴァリエリの原理」とは、以下になります。2つの立体AとBを平行な平面で次々と切ったとき、AとBの切り口の面積の比が常にm：nならば、Aの体積とBの体積の比はm：nである。

　下の立体Aの体積の計算は大変そうですが、円柱Bに直せば、簡単に求められますね。

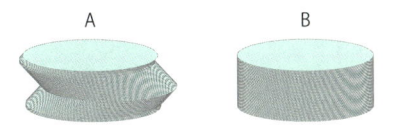

問題37は、中学生も大学生もよくできていました。説明が長すぎると感じた方もいらっしゃるでしょう。しかし、他の問題で、この解法を安易に使うととんでもないことになります。それが、次の問題38で、正解率は急激に下がります。特に、多くの大学生が怪しくなります。

問題38

　次の立方体を3点A、B、Cを通る平面で切ったとき、切り口の図形はどうなるでしょうか。また、そのときにできる立体を描いてください。

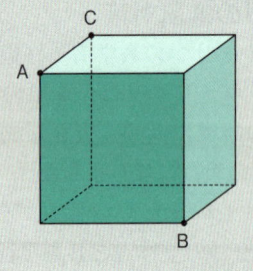

誤答で多かったのが、次のような三角形です。

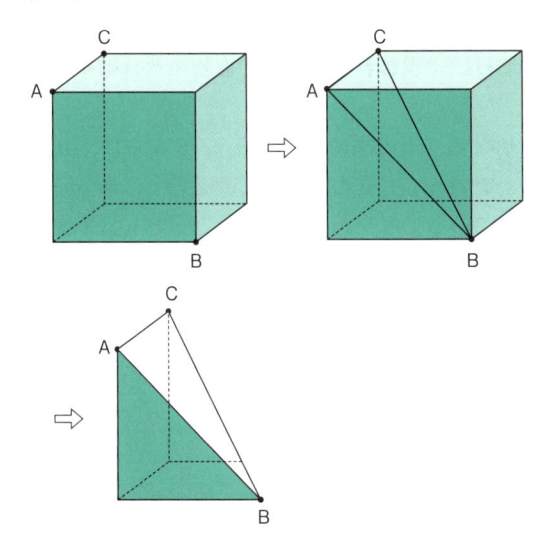

こうなるのは、

立方体を切ったときの切り口は、立方体の表面の上に現われる

という、根本的なことがわかっていないからです。問題37と違い、ＢＣは立方体の表面になく、そのまま切り口の図に出てくることはありません。上の最後の図など、まるでエッシャー(オランダの版画家)のだまし絵です。

問題38を解く前に、「立体を切ってできる図形」に関する重要なふたつのポイントを紹介しましょう。

ひとつは、さきほどの「立方体を切ったときの切り口は、立方体の表面の上に現われる」。もうひとつは、平行な２平面を別の平面で切ったとき、現われる２直線の関係で、以下のようになります。

図の２平面αとβが平行で、それらに平面γが交わっているとき、
切り口に現われるふたつの直線mとnは平行になる

なぜなら、下の図のようにα∥βならば、αとβはどこまでいっても交わりません。その上にあるmとnもどこまでいっても交わりませんし、mとnは平面γ上の２直線でもありますから、m∥nとなるのです。

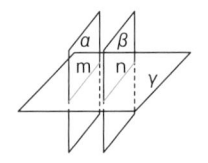

これらを頭に入れ、もう一度、問題38を考えます。

まず、立方体の表面にある線をすべて引きます。次に、向かい合う面は平行ですから、そのふたつの面にある線が平行になるように引いていくと、自然に切り口の形が見えてきます。

直線ABと直線ACは立方体の表面にあり、これはそのまま切り口に現われてきます(149ページの２番目の図)。

切り口のCを通る平面はもうひとつあります。奥の面です。その面は直線ABがある面と平行ですから、Cを通りABに平行な直線を引きます（同３番目の図）。これが、図のCDです。

このDからBDという直線が見えてきます。ここで、AC∥BDとなっており、うまくいくことがわかります(同４番目の図)。

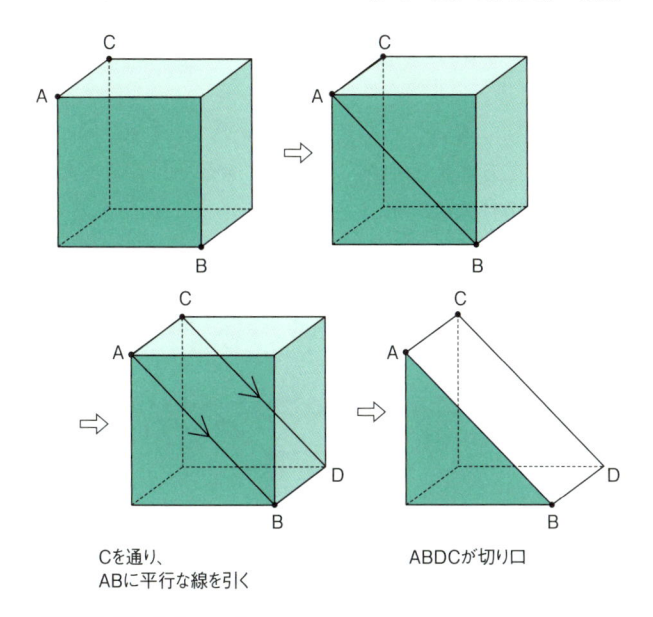

第6章 類推で解く「立体の切断」

Cを通り、
ABに平行な線を引く

ABDCが切り口

解答

切り口：長方形

できる立体：

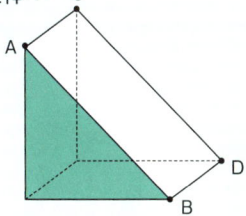

類題をもうひとつ解いてみましょう。

> **問題39**
>
> 次の立方体を3点A、B、Cを通る平面で切ったとき、切り口の図形はどうなるでしょうか。また、そのときにできる立体を描いてください。ちなみに、Aは立方体の頂点ですが、B、Cは特別な点ではありません（Cは辺の中点に近い）。

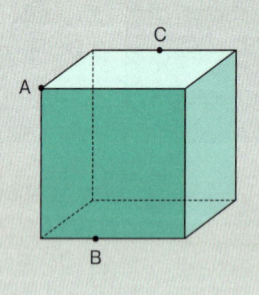

もちろん、問題38の解説を読んだあとでは、下の図のような解答をする方はいないでしょう。

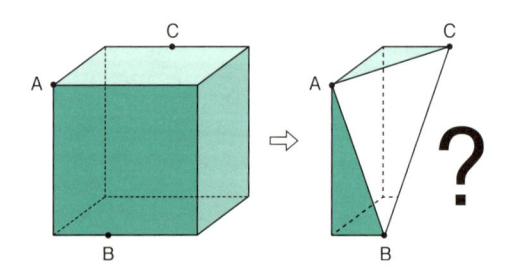

いちおう「？」をつけておきましたが、誤答ですね。

第6章 類推で解く「立体の切断」

この問題は、問題38に比べて、点の位置があいまいな部分もありますが、行なうことは同じです。

まず、立方体の表面にある線をすべて引きます。次に、向かい合う面にある線が平行になるように引いていきます。

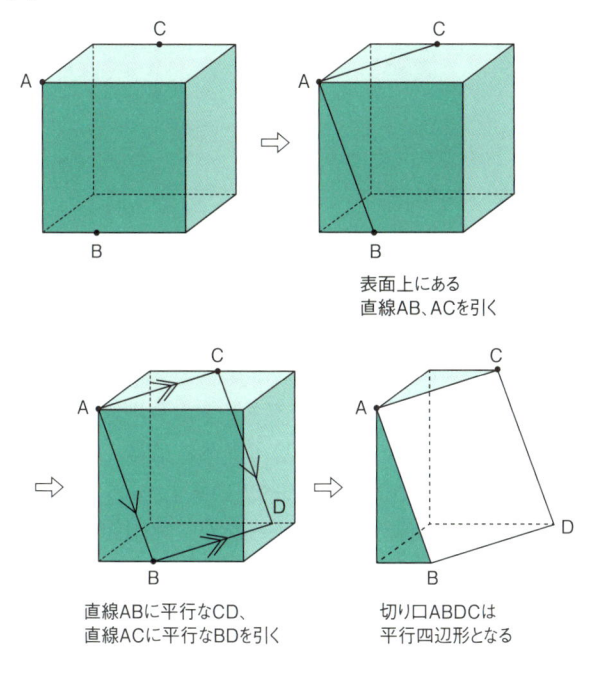

表面上にある
直線AB、ACを引く

直線ABに平行なCD、
直線ACに平行なBDを引く

切り口ABDCは
平行四辺形となる

こうして、平行四辺形が切り口となります。できる立体は次の通りです。

151

解答

切り口：平行四辺形

できる立体：

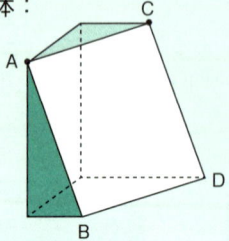

コラム⑥
ローマ人の呪われた気質!?

　古代ギリシアの数学者アルキメデスは、ローマ兵が攻め込んできたとき、「私の幾何の邪魔をするな」と言って、殺されました。

　20世紀初頭に活躍したイギリスの数理哲学者アルフレッド・ノース・ホワイトヘッドは、この事実について、次のように述べています。

　「ローマ人は偉大な民族だったが、実用的なものを重視する不毛な気質に呪われていた……数学的図形の考察に熱中したあまりに生命を失ったローマ人はいない」（スチュアート・ホリングデール著『数学を築いた天才たち』より）

　実用性は大事だが、空想の幅を広げることはさらに重要だ——という指摘は、現代でも通用すると思います。

第6章 類推で解く「立体の切断」

美しく、エレガントな問題

　問題38、39は、表面上のふたつの直線で、向かい側の面にふたつの直線を引くことができ、四辺形が決定します。ですから、切り口は平行四辺形になるのは当然のことでした。

　では、切り口に現われる多角形が四辺形ならば、必ず平行四辺形になるのでしょうか。次の問題は、その疑問に答えるためのものです。

問題40

　次の立方体を3点A、B、Cを通る平面で切ったとき、切り口の図形はどうなるでしょうか。また、そのときにできる立体を描いてください。A、Cは辺の中点、Bは頂点とします。

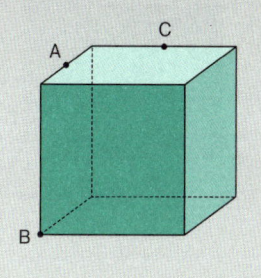

ヒント

　ここでも、A、B、Cは立方体の表面上にありますから、直線AB、直線ACはそのまま引くことができます。しかし、そこから先は、ほんのすこしだけ違います。しかし、難しくはありません。

153

定石にしたがい、まず、直線ＡＢと直線ＡＣを立方体の表面に引きます。点Ｂは、直線ＡＣが引かれた面の向かい側の面（下の面）の点でもあり、Ｂを通る下の面の線は直線ＡＣと平行になります。

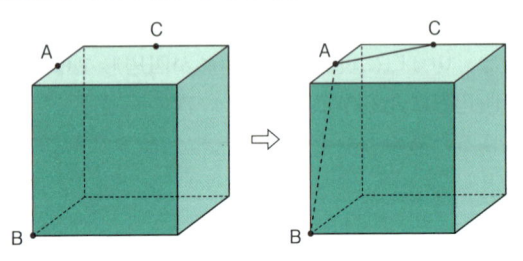

そして、この平行線は下の面の対角線ＢＤとなります。

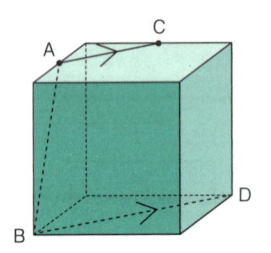

第6章 類推で解く「立体の切断」

最後に、同じ面にあるCとDを結んで、下の右図のような等脚台形が現われます。

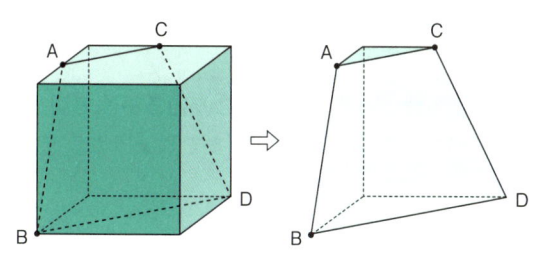

上の辺は中点どうしを、下の辺は頂点どうしを結ぶ線ですから、ABとCDの長さが等しいことは明らかです。なお、できる立体は、三角すいを底面に平行な平面で切った「三角すい台」とも言うべきものです。

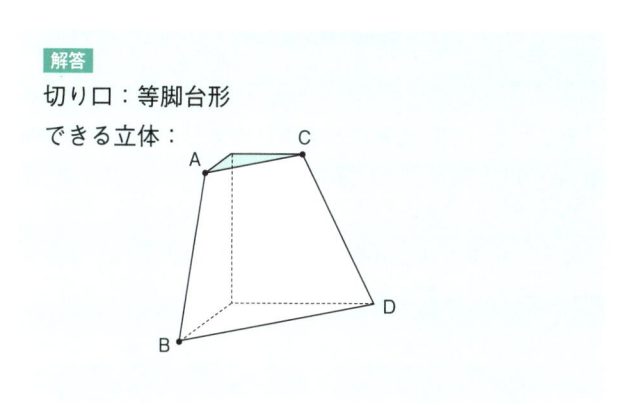

解答

切り口：等脚台形

できる立体：

155

次の問題は、切り口の図形がもっともエレガントで、私が大好きなものです。

問題41

次の立方体を3点A、B、Cを通る平面で切ったとき、切り口の図形はどうなるでしょうか。また、そのときにできる立体を描いてください。A、B、Cはすべて辺の中点とします。

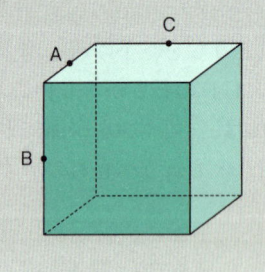

すこしやっかいなところもありますが、途中までは問題38、39と同じように進みます。

まず、直線ABと直線ACは立方体の表面にありますから、そのまま引きます。

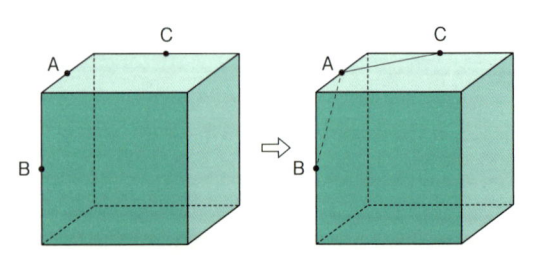

第6章 類推で解く「立体の切断」

次に、Aの向かい側の面の辺に適当にDをとり、直線ABと平行な直線EDと直線ACに平行な直線FDを引きます。

これらがひとつの平面の切り口になるためには、BF//CEでなければなりません。そのためには、Dは辺の中点になければなりません。

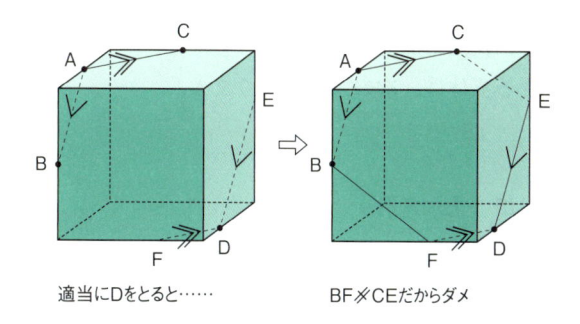

適当にDをとると……　　BF∦CEだからダメ

このことを説明したのが、次の図です。

立方体を平面で切ったとき、切り口の多角形の頂点をA、B、F、D、E、Cとして、立方体の頂点をL、M、N、P、Q、Rとすると、

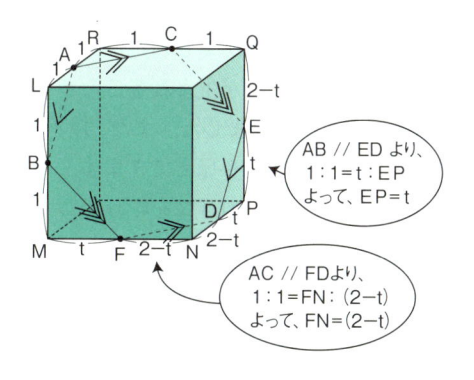

AB // ED より、
1:1＝t：EP
よって、EP＝t

AC // FD より、
1:1＝FN：(2−t)
よって、FN＝(2−t)

157

ＰＤ：ＮＤ＝ｔ：（２－ｔ）とすると、図のように比が決まります。

　ＢＦ∥ＣＥより、１：ｔ＝１：（２－ｔ）
　よって、ｔ＝１
　これから、ＤはＰＮの中点。

結局、すべての点は各辺の中点ですから、切り口の図形は正六角形になります。

できる立体は、次のようになります。

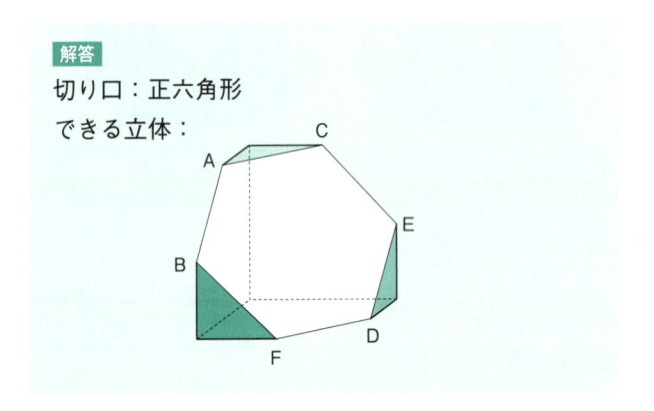

解答
切り口：正六角形
できる立体：

切り口の正六角形は、形が美しいだけでなく、辺の中点を順につないで意外な形が生まれることから、多くの方に好まれ、出題されてきました。また、以下のような、問題を解く際に有効な性質も見えてきます。

６つの辺の中点から、どの３つを取り出しても、それらは１直線上にはありません。ということは、別の３つの中点を通る平面で切っても同じ正六角形が出てくるはずです。

第6章 類推で解く「立体の切断」

このことを用いると、次の問題は容易に解けます。

> **問題42**
>
> 次の立方体を3点A、B、Eを通る平面で切ったとき、切り口の図形はどうなるでしょうか。また、そのときにできる立体を描いてください。A、B、Eはすべて各辺の中点とします。

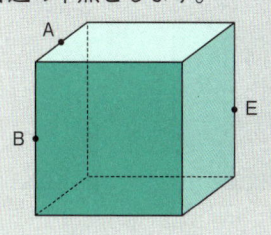

同じ趣旨(しゅし)の問題をもうひとつ挙げます。

> **問題43**
>
> 次の立方体を3点A、E、Fを通る平面で切ったとき、切り口の図形はどうなるでしょうか。また、そのときにできる立体を描いてください。A、E、Fはすべて各辺の中点とします。

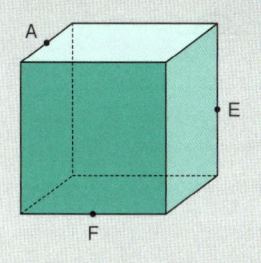

問題42、43の３つの中点は、問題41で正六角形を作った６点の中の３点です。ですから、その３点を通る平面は、問題41で出てきた平面にほかなりません。

　よって、その平面で切ってできる切り口は、いずれも正六角形ＡＢＦＤＥＣになります。

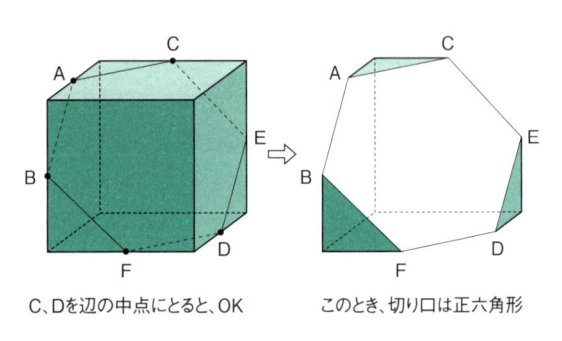

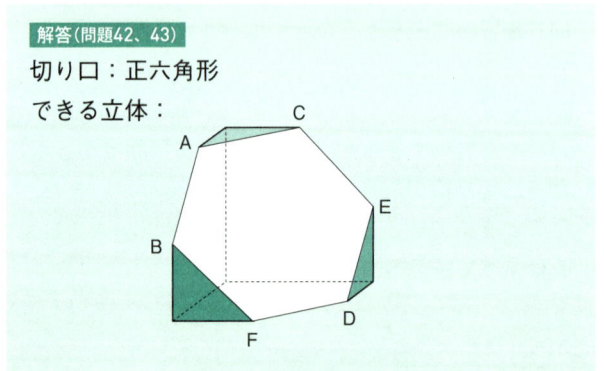

C、Dを辺の中点にとると、OK　　　このとき、切り口は正六角形

解答(問題42、43)

切り口：正六角形

できる立体：

160

なお、ここでの正六角形の考察は、次の正四面体の切り口の問題で大変有用です。このように、すでにできている問題を別の問題に押し広げるやり方を、アナロジー(類推)と言い、数学の問題を考える際の大きな力となります。

　ときに、大きな定理さえもアナロジーから出てきたことがあります。次項から、そのアナロジーを使って解く問題を考えてみましょう。

コラム⑦
アナロジーが新しい発想を生む
　小平邦彦先生は、「学ぶはまねぶ」という言葉を残されています。

　語学でも、最初は意味もわからずにまねしているだけですが、そのうちにペラペラしゃべれるようになります(幼児の言語習得が良い例です)。

　数学も、「同じようなことができないか」ということから出発するのは、ごく自然なことです。これこそ、アナロジー(類推)です。

　実際に、20世紀になってから、関数の集合に「位相」を入れて、位相数学の方法を使う「関数解析」という新分野ができました。

　このような例はたくさんあります。ぜひ、みなさんもアナロジッてください。

アナロジーを使って解く

正多面体の中で、身近にあり親しまれているのは正六面体ですが、もっとも簡単に作れる立体は、正四面体でしょう。これは面の数が少ないこともありますが、面がすべて正三角形であり、どのように置いても底面が正三角形となり、歪むことがありません。

ちなみに、立方体と正四面体との関係は、作りやすくて丈夫だが、よく作られるとは限らないという点で、正方形と三角形との関係に似ています。

正四面体を平面で切ったときの切り口の図形は三角形が多いですが、そうでない場合もあります。それが、次の問題です。

問題44

正四面体を平面で切断したとき、その切り口の図形が四角形になることはあるでしょうか。また、そのときの位置をひとつだけ示してください。

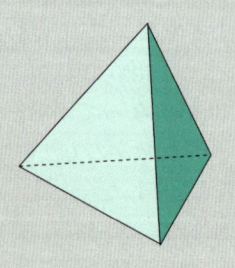

第6章 類推で解く「立体の切断」

　これは、問題41〜43の類題と考えることができます。切り口が辺と交わる点が、多角形の頂点になりますから、その図形が四角形になるのは、平面が4つの辺と交わるときに限られます。

　ここで、問題41の問題と結果を思い出してください。立方体の12個の辺のうちから、6つの辺を選び出しました。そして、それらの中点を通る平面で切ってできた図形が正六角形でした。

　この問題も、問題41と同じように、辺の中点を通る平面で切ればよいと類推します（辺の中点を通らなくても四角形になりますが）。図のように、正四面体の辺は6辺あり、その中点（P、Q、R、S、T、U）は6個です。

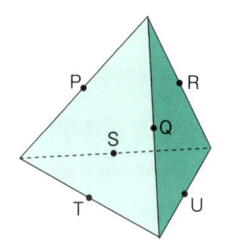

　ただ、平面は3点で決まりますから、3点の取り方をまちがえると、四角形にはなりません。たとえば、3点P、Q、Rを通る平面を考えると、切り口に三角形が現われ、4個目の点を辺の上にとることができないので、切り口は三角形になってしまいます（164ページの左図）。

P〜Uの6点から3つの点を試行錯誤的に選び、うまくいくものを探します。たとえばP、Q、Uの3点ならうまくいきそうです（下の右図）。

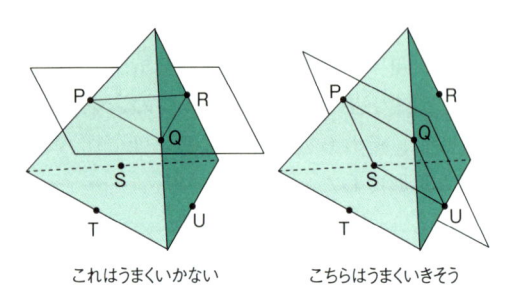

これはうまくいかない　　こちらはうまくいきそう

　実際にP、Q、Uを通る平面はSを通り、PQUSは四角形になります。

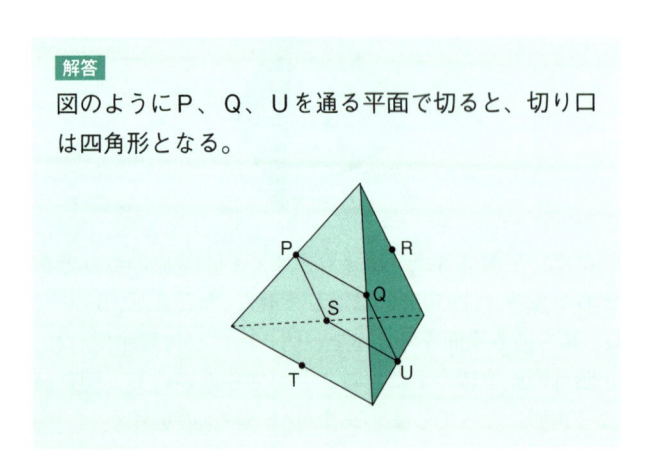

> [!NOTE]
> 解答
>
> 図のようにP、Q、Uを通る平面で切ると、切り口は四角形となる。

第6章　類推で解く「立体の切断」

　この切り口の四角形が正方形になることは、次の問題にします。

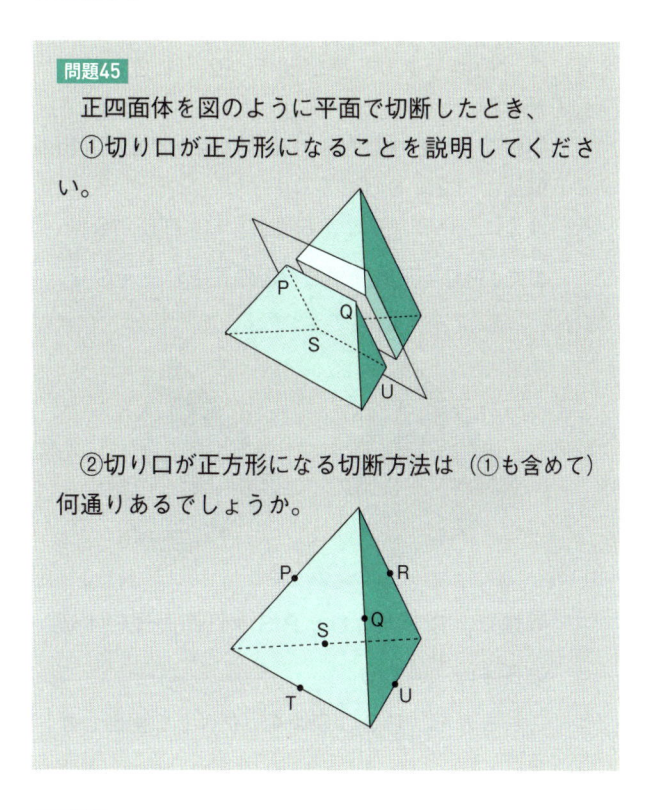

問題45

正四面体を図のように平面で切断したとき、
①切り口が正方形になることを説明してください。

②切り口が正方形になる切断方法は（①も含めて）何通りあるでしょうか。

考え方

　PQUSの代わりにQUSP、USPQ、SPQUと書くのも同じ切り口＝１通りと考えます。

解答

①：頂点をA、B、C、D、辺の中点をP、T、Q、U、R、Sとしたとき、△APQと△ABCは相似であり、相似比1：2、PQ∥BCとなる。

同様に、△DSUと△DBCは相似であり、相似比1：2、SU∥BC。

ゆえに、PQ∥BC∥SUとなり、PQ∥SU。

また、PQ＝正四面体の1辺の長さの$\frac{1}{2}$＝SU。

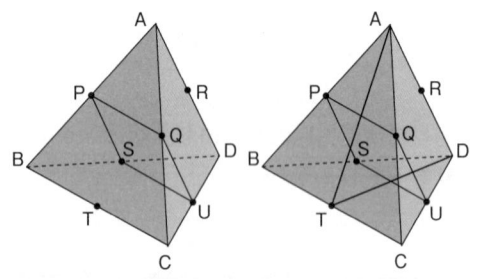

同様に、PS∥QU、PS＝正四面体の1辺の長さの$\frac{1}{2}$＝QU。

これらから、PQUSは4辺が等しい菱形となる。

いっぽう、△ABCは正三角形であり、Tは辺の中点なので、AT⊥BC。　※⊥＝垂直(以下同じ)

また、△DBCも正三角形であり、Tは辺の中点なので、DT⊥BC。

よって、△ATD⊥BC

第6章 類推で解く「立体の切断」

これから、AD⊥BC。
よって、SU⊥UQ。
ゆえに、PQUSは正方形となる。

　切り口PQUSの場合、切る平面と平行な辺は垂直なBCとADです（上段の左図）。これと同じ辺の組み合わせはABとCD（上段の右図）、BDとAC（下段の図）です。

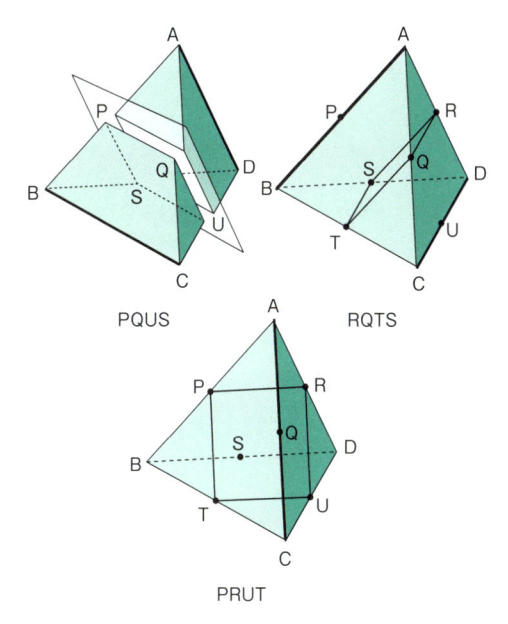

PQUS　　　　　RQTS

PRUT

解答
②：3通り

第7章
想像力が広がる
「立体の切断」

考え方を広げて

　前章は、立方体の切断と、その切断で現われる切り口を主要なテーマとしました。「もっとも単純な立体図形」である立方体や正四面体の切り口を確定する問題でも、解く際には推測と計算が必要でした。特に、立方体の切り口に正六角形が出る場合や、そのアナロジーとも言える正四面体の切り口に正方形が出る場合に、その傾向が顕著です。

　本章では、その成果・考え方を広げるために、立方体に穴をあけた立体の切断と、それによって生まれる立体の体積に関する問題に迫っていきます。

　立体に穴をあけたとき、穴の中は点線で表現することが多いですが、点線を多く描くと、図が複雑になるので、一部を省略せざるを得ません。ですから、前章以上に想像力と論理力が求められます。

　また、穴をあけた立体を切断したときの切り口と、切り離された立体の考察は、いっそう複雑です。しかし、身構える必要はありません。問題をゆっくりていねいに解きほぐしていけば、解答において〝美しい形〟を得ることができますし、その形になる理由もわかるでしょう。

　なお、本書では、切り口に現われる図形の面積に関する問題は扱いません。その理由は、切り口の面積計算には「ピタゴラスの定理」を前提としなければならず、それを簡潔に説明するスペースがなかったことと、立体の切り口の形と体積を考えるだけで十分に立体感覚が得られると判断したからです。

第7章　想像力が広がる「立体の切断」

　まずは、前章に出ていた立方体に関する問題から始めましょう。視点さえまちがわなければ、大変やさしい問題です。

> **問題46**
> 　1辺6㎝の立方体を、3つの頂点A、B、Cを通る平面で切ったときにできる三角すいの体積を計算してください。

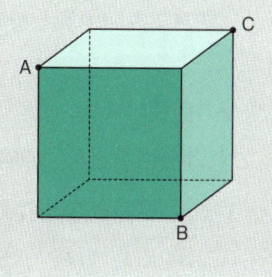

ヒント

　第4章の95ページでも述べましたが、すいの体積を求める公式を改めて挙げます。

$$すいの体積 = \frac{底面積 \times 高さ}{3}$$

　この公式での高さとは、頂点Pから底面のHまで引いた直線PHが底面に垂直になるときの長さです。さらに、ふたつの異なる底面の直線とPHが垂直に交わるとき、PHが底面に「垂直」であると言います。

171

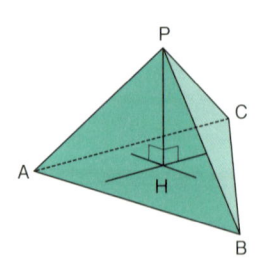

すいの体積を求めるのに、なぜ3で割るのか疑問があるかもしれません。厳密に説明すると長くなるので、簡単に述べます。

　たとえば、三角形の面積の公式（底辺×高さ×$\frac{1}{2}$）で$\frac{1}{2}$が出てきますが、これは面積が2次元の概念だからです。これに対して、すいの体積は3次元の概念なので、$\frac{1}{3}$が出てくるのです（これ以上は、174ページのコラム⑧で説明します）。

「すいの体積の公式を使う」と言われると、どうしても、すいの形にもっていきたくなりますね。いわゆる、底面が正三角形の対称できれいな形です。

　しかし、下の図では、△ＡＢＣの面積はなんとか出せますが、高さＤＨがなかなか出せません。

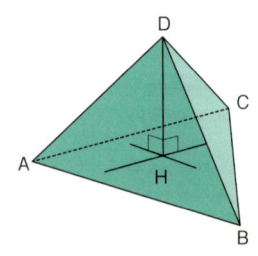

第7章 想像力が広がる「立体の切断」

　実は、この問題は、最初に切った段階で計算の方針を立てたほうがケタ違いに楽です。まず、1辺6cmの立方体を3つの頂点A、B、Cで切り取ります（上段の左図、上段の右図）。そして、この立体を△ABCが底面になるように置きます（下段の左図）。

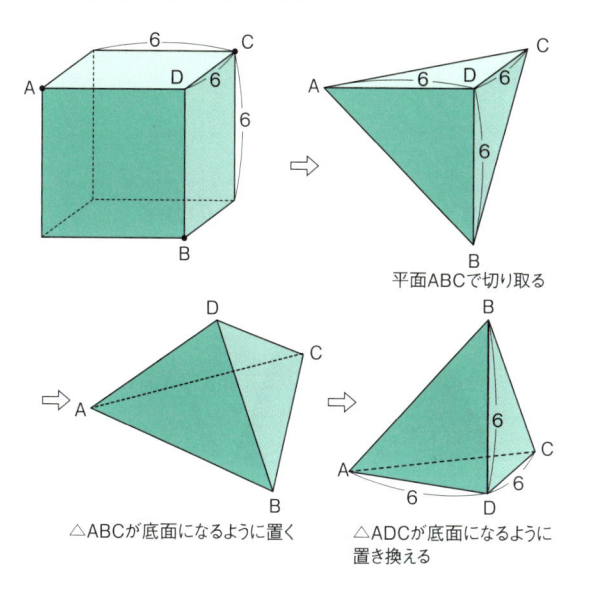

△ABCが底面になるように置く　　△ADCが底面になるように置き換える

　さらに、この立体を△ADCを底面になるように置き換えると（下段の右図）、△ADCはDが90°の直角三角形ですから、底面積Sは次のようになります。

$$S = \frac{6 \times 6}{2} = 18 \, (\text{cm}^2)$$

また、DB⊥DC、DB⊥DAですから、高さを与える直線DBは6cm。よって、すいの体積の公式から、

$$体積 = \frac{18 \times 6}{3} = 36 \,(\text{cm}^3)$$

[解答]
36cm³

コラム⑧
なぜ、すいの体積に$\frac{1}{3}$を使うのか？

図は左から四角すい、円すい、一般のすいです。

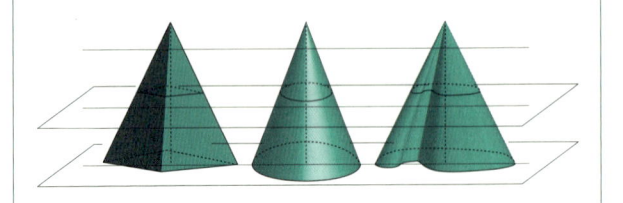

これらの底面の面積が等しいとき、体積が等しいことは「カヴァリエリの原理（145ページのコラム⑤）」より明らかです。

では、すいの体積の公式を考えましょう。

1辺の長さaの立方体を3つの合同な立体に分割します。ここで、左右方向だけbまで伸ばします。この操作で、分割された立体の体積が全体の$\frac{1}{3}$であることは変わりません。この操作のあと、3つの立体をくっつけると直方体になり、その体積は

第7章　想像力が広がる「立体の切断」

$a^2 b$ ですね。

よって、下図の右下の青色の立体の体積 V は $\frac{1}{3}(a^2 \times b)$ で V $= \frac{1}{3}$(底面積×高さ)となります。

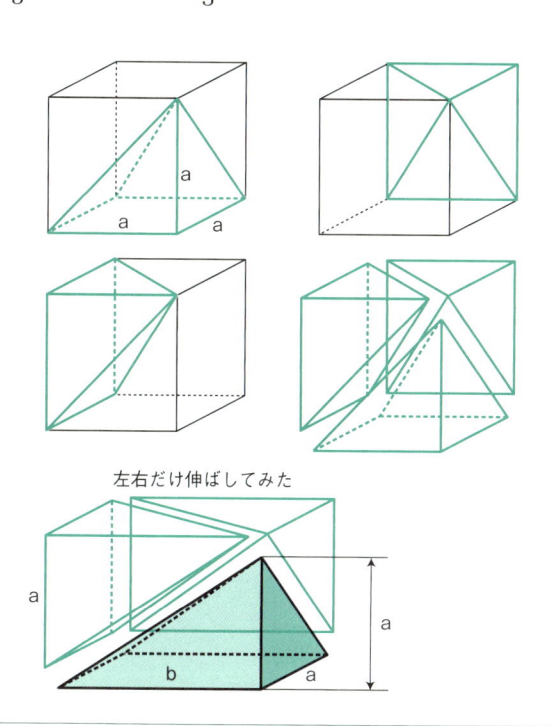

左右だけ伸ばしてみた

穴あき立方体を切断すると……

次に、立方体にすこし手を加えた立体を考えます。

下の図は、ゴチャゴチャ書き込んであるので、わかりにくいかもしれませんが、1辺の長さが6cmの立方体から、縦横2cmの正方形の底面を持つ直方体をちょうどまんなかを貫通するように切り抜いた立体です。

この立体は、以降たびたび登場するので、「(1方向の)穴あき立方体」と呼ぶことにします。まずは、この立体の切断の問題です。

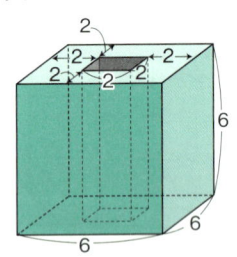

問題47

次の穴あき立方体を3点A、B、Cを通る平面で切ったときの切り口の図形を描いてください(単位はcm)。

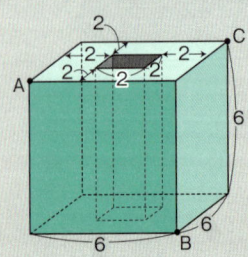

第7章 想像力が広がる「立体の切断」

ヒント

問題46では、穴をあける前の立方体にこの切り方をしたとき、切り口に正三角形が出てきました。では、穴を貫通させたことは切り口にどのように影響するのでしょうか。それを考えてみましょう。

まず、表面に出ている△ＡＢＣを描きます（下の右図）。この三角形は、辺の一部（直線ＪＬ）が欠けていますが、それは穴の部分です。

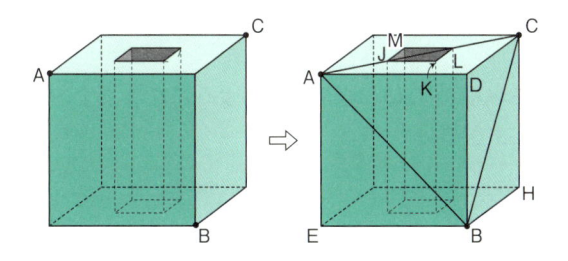

この欠けているＪＬ部分を補いましょう。穴の内部のＪＫを含む側面は、面ＡＥＢＤと平行です。よって、切り口のＪを通る線はＡＢと平行になり、水平面に45°の傾きです。

同じく、穴の内部のＫＬを含む側面は、面ＤＢＨＣを含む面と平行ですから、切り口のＬを通る線はＢＣと平行になり、やはり、水平面に45°の傾きとなります。

177

よって、穴の側面の2直線は、それぞれの面の切れ目で同じ高さになりますから、点Sで交わることになり、

△JSLは△ABC（正三角形）と相似、相似比はJL：AC＝3：1。

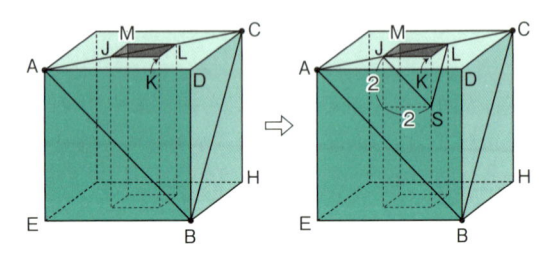

　ここから、切り口の図形は次のようになります（灰色部分は穴あき部分です）。

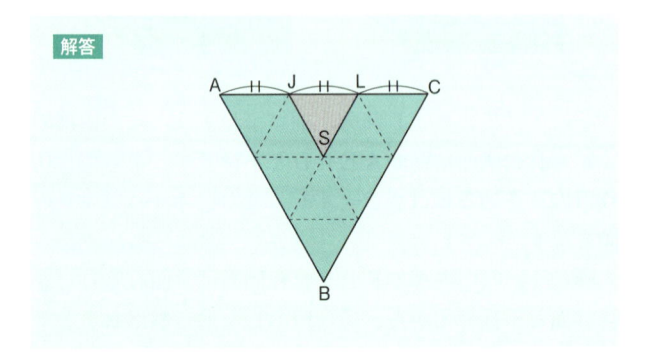

第7章　想像力が広がる「立体の切断」

　それでは、この立体の体積を計算してみましょう。図は問題 47 と同じですが、再掲します。まずは、基本となる立体の体積から。

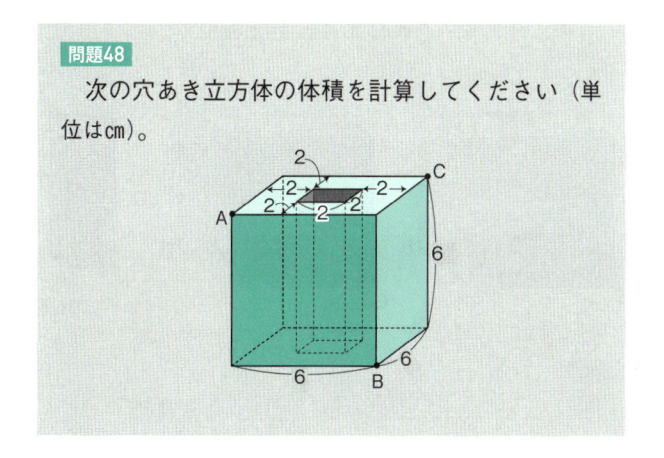

> **問題48**
>
> 次の穴あき立方体の体積を計算してください（単位はcm）。
>
> （図）

　簡単な問題ですから、少なくとも 2 通りの解き方を考えてください。簡単な問題こそ、複数の計算法にチャレンジしましょう。いろいろな見方をすることが、数学的な感覚（とりわけ立体図形）には重要なのです。

考え方1
　立方体の体積から、取り除く直方体の体積を引く。

考え方2
　4 つの合同な立体に分ける。

考え方3
　立体の体積が「底面の面積×高さ」で求められることに注目する。

179

解法1

図のように、穴あき立方体＝立方体－直方体の形にすると、

$$6 \times 6 \times 6 - 2 \times 2 \times 6 = 192 (cm^3)$$

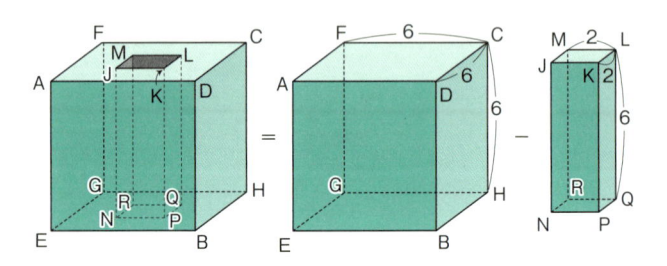

解法2

図のように、4つの直方体に分けると（台形柱に分ける方法もあり）、分けられた立体1個の体積は、

$$2 \times 4 \times 6 = 48 (cm^3)$$

これが4個ですから、

$$48 \times 4 = 192 (cm^3)$$

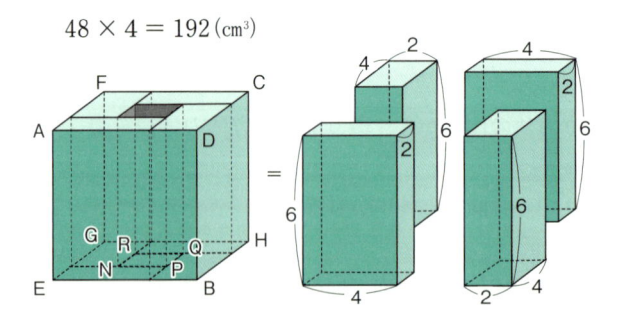

解法3

図のように、穴あき立方体の底面を取り出すと、その面積は

$6 \times 6 - 2 \times 2 = 32 (cm^2)$

これに高さ6(cm)をかけて、全体の面積は計算すると、

$32 \times 6 = 192 (cm^3)$

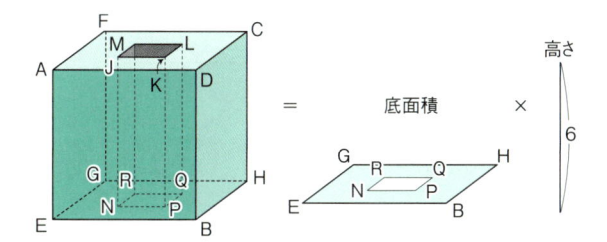

このように、3通りのどの方法でも 192cm³ が得られます。

解答

192cm³

次は、切断された立体の体積を計算してみましょう。問題 47、48 で使用した立体を再掲します。

問題49

次の穴あき立方体を 3 点 A、B、C を通る平面で切るとき、残った部分の体積（上を切り離し、下を残します）を計算してください（単位は cm）。

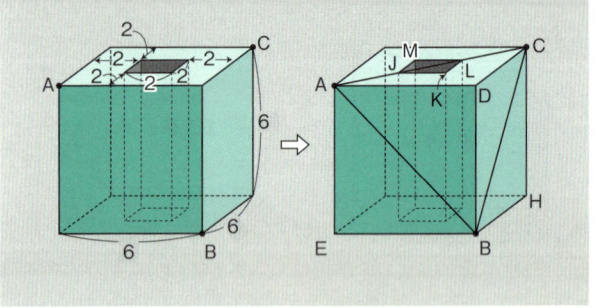

この問題では、相似の性質を使うと便利です。相似比と面積比・体積比は第4章の92ページで説明しましたが、すこしおさらいしておきます。

　面積、体積の計算がもっとも簡単な正方形、立方体で考えてみましょう。辺の長さを2倍、3倍にするとどうなるでしょう。辺tが2倍なら2t、3倍なら3tを入れて計算するだけですから、下の表のようになります。

辺の長さ：t	2t（2倍）、　3t（3倍）……kt（k倍）
面積：t^2	$4t^2$（4倍）、$9t^2$（9倍）……k^2t^2（k^2倍）
体積：t^3	$8t^3$（8倍）、$27t^3$（27倍）……k^3t^3（k^3倍）

　図形の面積は一般に、正方形の面積が基本ですから、ふたつの図形AとBが、相似で相似比が1：kならば、面積比は1^2：k^2＝1：k^2となります。円はすべて相似ですから、この関係が常に成り立ちます。たとえば半径rの円の面積はπr^2。半径を2倍の2rにすると、面積は$\pi(2r)^2$で4倍。半径をk倍のkrにすると、面積は$\pi(kr)^2 = k^2\pi r^2$でk^2倍になります。

　この関係は、kがどんな数でも同じことが言えます。

それでは解答に移ります。まず、問題47の説明で用いた図(178ページの右図)を再掲します。

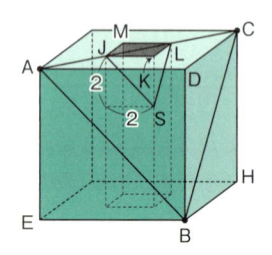

切り離し部分の体積を計算します。求める立体は、大きな三角すいD‐ABC(下段の中図)から、相似の小さな三角すいK‐JSL(下段の右図)を引いたものです。

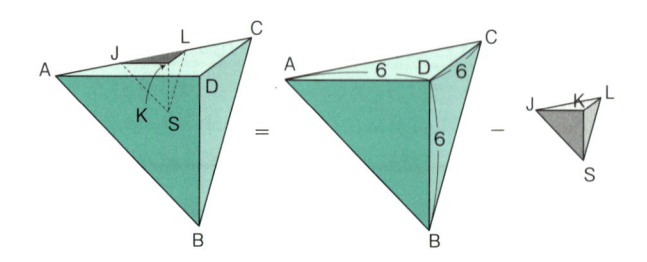

小さな三角すいは穴の部分に対応しており、
AC：JL＝3：1

大きな三角すいD‐ABCの体積は、すでに問題46で計算しており、36cm³。小さな三角すいK‐JSLは、大きな三角すいと相似で相似比は$\frac{1}{3}$ですから、その体積は大きな三角すいの体積の$(\frac{1}{3})^3$倍になり、

$$36 \times \left(\frac{1}{3}\right)^3 = \frac{36}{27} \text{ (cm}^3\text{)}$$

よって、切り離し部分の体積は、

$$36 - \frac{36}{27} = 36 - \frac{4}{3} = \frac{104}{3} \text{ (cm}^3\text{)}$$

残った部分の体積は、穴あき立方体から切り離し部分を引いたものです。穴あき立方体の体積は問題48で計算しており、192cm³。

よって、残った部分の体積は、

$$192 - \frac{104}{3} = \frac{472}{3} \text{ (cm}^3\text{)}$$

解答
$\frac{472}{3}$ cm³（あるいは 157.333cm³）

想像力を広げて

次の問題は、高校入試にもよく出るもので、私も著書『通勤電車で頭を鍛える数学パズル』で取り上げたことがあります（あとの問題との都合上、ここに再掲させていただきます）。では、問題49を踏まえて考えてみましょう。

問題50

次の立体は、1辺6cmの立方体の3方向に、四角柱（底面は1辺2cmの正方形）の穴をあけたものです。3つの穴の中心線は、立方体の中心を通っています。この立体の体積を計算してください。

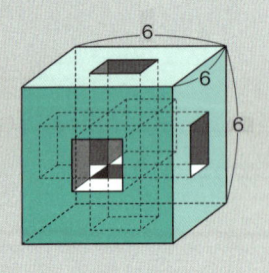

ヒント

実は、この問題は条件オーバーです。計算のためだけなら、「3つの穴の中心線は、立方体の中心を通る」は「3つの穴の中心線は1点で交わる」で十分なのです。これは問題を解いていくと、すぐわかります。

しかし、この条件のほうが、対称で美しい立体を見せることができますし、その立体を想像することが容易になります。さらに、この問題に続く問題も考えやすくなります。

第7章　想像力が広がる「立体の切断」

考え方

このタイプは、すでに問題48で解いており、3通りの解法を示しました。しかし、この問題は穴の方向が3つあり、すこしやっかいです。ここでは、解法1を使います。

それでは、解答に移ります。立方体から立体A（下の右図）を取り去ったものが、求める立体（下の左図）です。

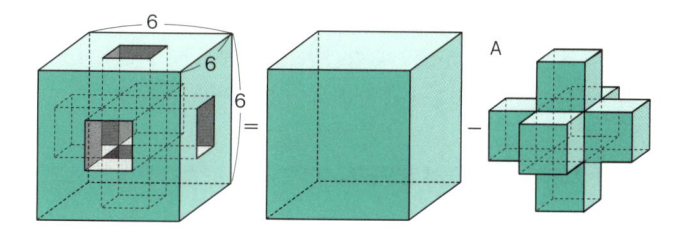

立体Aは、次のように、1辺2cmの立方体7個に分けることができます。

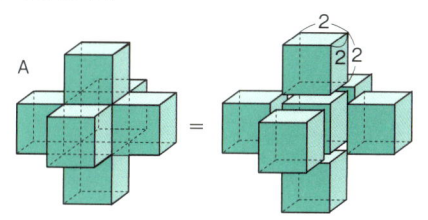

つまり、立体Aの体積は $2 \times 2 \times 2 \times 7 = 56$ (cm³) となります。

　よって、求める立体の体積は、

$$6 \times 6 \times 6 - 56 = 216 - 56 = 160 \text{(cm³)}$$

> **解答**
> 160cm³

　この解法で見る限り、全体の体積から立体Aの体積を引くだけです。ですから、3つの穴の位置がずれていても、立体Aの体積が変わらなければ、体積も同じです。「条件オーバー」と申し上げたのは、このためです。

　次の問題は、意外な図形が出てくるかもしれません。楽しみに解いてみてください。

問題51

次の立体は、1辺6cmの立方体の3方向に、四角柱（底面は1辺2cmの正方形）の穴をあけたものです。3つの穴の中心線は、立方体の中心を通っています。この立体を3点A、B、Cを通る平面で切ったとき、切り口の図形を描いてください。

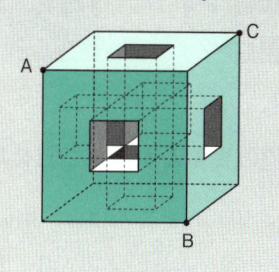

ヒント

問題47で、穴が上下1方向だけあいている場合は解きましたね。図のように、上下方向の穴によって欠ける部分は△JSLであり、△ABCの$\frac{1}{3}$（相似比）の正三角形でした。これを頭に入れて解いてみましょう。

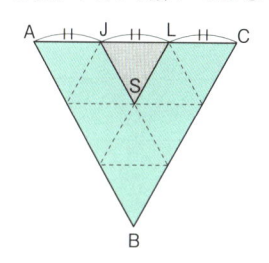

では、解答です。まず、表面に見える△ＡＢＣの辺(一部が欠けたもの)を描いてみます(下の右図)。

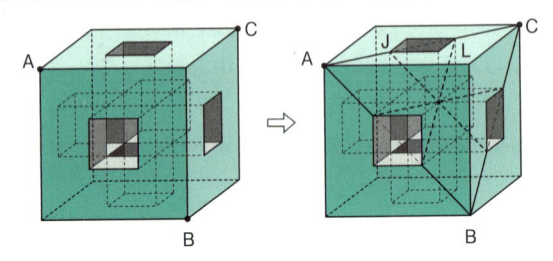

これは、各辺のまんなかが、$\frac{1}{3}$ だけ切れています。問題47でＡＣの切れたところには、相似比が $\frac{1}{3}$ の正三角形が収まりました。残りの２辺ＡＢ、ＢＣと穴の関係は、ＡＣと穴の関係とほとんど同じです。

よって、３辺のそれぞれのまんなかに、辺の長さが $\frac{1}{3}$ の正三角形を切り取ったものになることがわかります。切り口の図形は、次のようになります(灰色部分は穴あき部分です)。

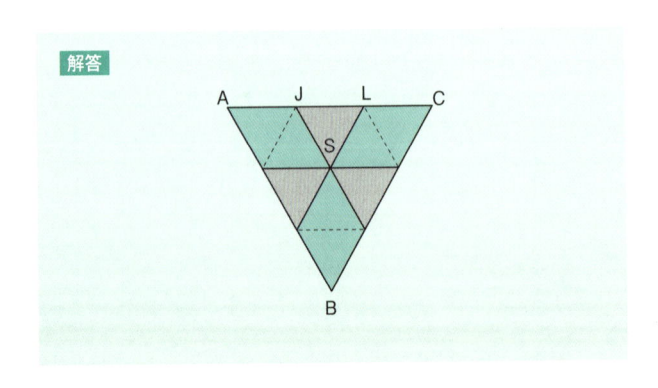

解答

第7章 想像力が広がる「立体の切断」

どうですか、意外でしたか？　これは三菱のマークですね。中の線も含めた切り口は下の図のようになります。

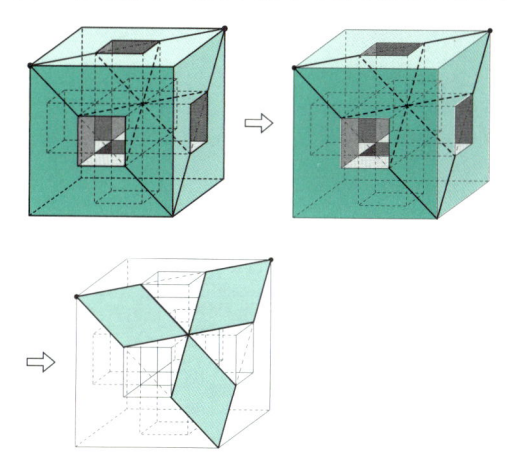

実は、ＡＢＣを通る平面と平行な平面で、もうひとつ三菱マークを切り取る平面があります。そのふたつの平面ではさまれた部分の体積を計算しましょう。一見、とてつもなく難しく見えるかもしれませんが、基本的な計算は問題 49 とほぼ同じです。

問題52

　次の立体は、1辺6cmの立方体の3方向に、四角柱（底面は1辺2cmの正方形）の穴をあけたものです。3つの穴の中心線は、立方体の中心を通っています。この立体を3点A、B、Cを通る平面で切り（三菱マークが出てきます）、さらに3点F、E、Hを通る平面で切ります（裏側に三菱マークが出てきます）。このとき、まんなかの立体（ふたつの三菱マークではさまれた部分）の体積を計算してください。

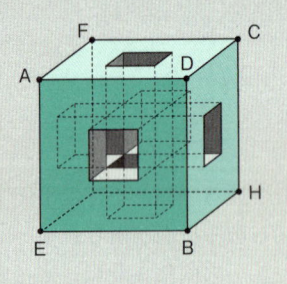

ヒント

　いきなり、まんなかの立体を計算するのは無謀です。問題49と同じように、切り離し部分から計算しましょう。

第7章　想像力が広がる「立体の切断」

では、解答です。まず、図を再掲します。

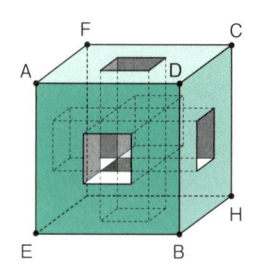

3点A、B、Cを通る平面の上の部分は、次のような図形（下の左図）で表わされます。つまり、三角すいD - ABC（下の中図）から、それと相似な小さな三角すい3個（下の右図）を引いたものです。

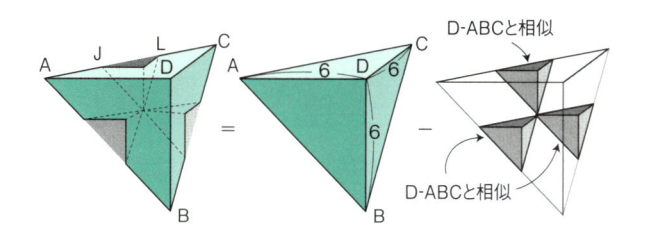

三角すいD - ABCの体積は、問題46で解いたように36cm³。

小さな三角すいは、D - ABCに対して相似比は$\frac{1}{3}$ですから、体積は$\frac{1}{27}$となり、

$$36 \times \left(\frac{1}{3}\right)^3 = \frac{36}{27} \text{(cm}^3\text{)}$$

193

これが 3 個なので、$\dfrac{36}{27} \times 3 = 4$ (cm³)

よって、上の部分の体積は、

$36 - 4 = 32$ (cm³)

3 点 F、E、H を含む平面の下部分も同じ 32cm³ です。
また、穴あき立方体の体積はすでに問題 50 で計算しており、160cm³。

求める体積は、

$160 - 32 \times 2 = 96$ (cm³)

解答
96cm³

★読者のみなさまにお願い

この本をお読みになって、どんな感想をお持ちでしょうか。祥伝社のホームページから書評をお送りいただけたら、ありがたく存じます。今後の企画の参考にさせていただきます。また、次ページの原稿用紙を切り取り、左記まで郵送していただいても結構です。

お寄せいただいた書評は、ご了解のうえ新聞・雑誌などを通じて紹介させていただくこともあります。採用の場合は、特製図書カードを差しあげます。

なお、ご記入いただいたお名前、ご住所、ご連絡先等は、書評紹介の事前了解、謝礼のお届け以外の目的で利用することはありません。また、それらの情報を6カ月を越えて保管することもありません。

〒101-8701 (お手紙は郵便番号だけで届きます)
祥伝社新書編集部
電話03 (3265) 2310

祥伝社ホームページ　http://www.shodensha.co.jp/bookreview/

★本書の購買動機（新聞名か雑誌名、あるいは○をつけてください）

＿＿＿新聞の広告を見て	＿＿＿誌の広告を見て	＿＿＿新聞の書評を見て	＿＿＿誌の書評を見て	書店で見かけて	知人のすすめで

★100字書評……1日1題！ 大人の算数

岡部恒治 おかべ・つねはる

埼玉大学名誉教授。1946年、北海道生まれ。東京大学理学部数学科卒業、同大学院修士課程修了。埼玉大学経済学部教授、日本数学協会副会長、日本数学会教育委員会委員長などを歴任。著書に『微分・積分のしくみ』『直観で解く算数』『通勤数学1日1題』など。『分数ができない大学生』(共著)にて、日本数学会出版賞を受賞。教科書『中学校数学1～3』『高等学校 数学Ⅰ～Ⅲ』(いずれも共著・数研出版)の監修・執筆も行なう。

1日1題！ 大人の算数
いちにちいちだい　おとな　さんすう

岡部恒治
おかべ つねはる

2015年6月10日　初版第1刷発行

発行者	竹内和芳
発行所	祥伝社 しょうでんしゃ
	〒101-8701　東京都千代田区神田神保町3-3
	電話　03(3265)2081(販売部)
	電話　03(3265)2310(編集部)
	電話　03(3265)3622(業務部)
	ホームページ　http://www.shodensha.co.jp/
装丁者	盛川和洋
印刷所	萩原印刷
製本所	ナショナル製本

造本には十分注意しておりますが、万一、落丁、乱丁などの不良品がありましたら、「業務部」あてにお送りください。送料小社負担にてお取り替えいたします。ただし、古書店で購入されたものについてはお取り替え出来ません。
本書の無断複写は著作権法上での例外を除き禁じられています。また、代行業者など購入者以外の第三者による電子データ化及び電子書籍化は、たとえ個人や家庭内での利用でも著作権法違反です。

© Tsuneharu Okabe 2015
Printed in Japan　ISBN978-4-396-11419-0　C0241

〈祥伝社新書〉
いかにして「学ぶ」か

なぜ受験勉強は人生に役立つのか
教育学者と中学受験のプロによる白熱の対論。頭のいい子の育て方ほか

明治大学教授 齋藤 孝
家庭教師 西村則康

360

一生モノの英語勉強法
京大人気教授とカリスマ予備校教師が教える、必ず英語ができるようになる方法

京都大学教授 鎌田浩毅
研伸館講師 吉田明宏

312

一生モノの英語練習帳
短期間で英語力を上げるための実践的アプローチとは？ 練習問題を通して解説 最大効率で成果が上がる

鎌田浩毅
吉田明宏

405

7カ国語をモノにした人の勉強法
言葉のしくみがわかれば、語学は上達する。語学学習のヒントが満載

慶應義塾大学講師 橋本陽介

331

京都から大学を変える
世界で戦うための京都大学の改革と挑戦。そこから見える日本の課題とは

京都大学第25代総長 松本 紘

362

〈祥伝社新書〉
大人が楽しむ理系の世界

229 生命は、宇宙のどこで生まれたのか
「宇宙生物学(アストロバイオロジー)」の最前線がわかる！
神戸市外国語大准教授 福江 翼

234 9回裏無死1塁でバントはするな
まことしやかに言われる野球の常識を統計学で検証
統計学者 鳥越規央(のりお)

242 数式なしでわかる物理学入門
物理学は「ことば」で考える学問である。まったく新しい入門書
神奈川大学名誉教授 桜井邦朋

290 ヒッグス粒子の謎
なぜ「神の素粒子」と呼ばれるのか？ 宇宙誕生の謎に迫る
東京大学准教授 浅井祥仁(しょうじ)

338 大人のための「恐竜学」
恐竜学の発展は日進月歩。最新情報をQ&A形式で
北海道大学准教授 小林快次 監修
サイエンスライター 土屋 健 著

〈祥伝社新書〉 日本語を知ろう

179 日本語は本当に「非論理的」か
曖昧な言葉遣いは、論理力をダメにする！　世界に通用する日本語用法を教授

物理学者による日本語論

神奈川大学名誉教授 **桜井邦朋**

096 日本一愉快な 国語授業
日本語の魅力が満載の1冊。こんなにおもしろい国語授業があったのか！

元慶應義塾高校教諭 **佐久 協**

102 800字を書く力
小論文もエッセイもこれが基本！

感性も想像力も不要。必要なのは、一文一文をつないでいく力だ

埼玉県立高校教諭 **鈴木信一**

267 「太宰」で鍛える日本語力
「富岳百景」「グッド・バイ」……太宰治の名文を問題に、楽しく解く

カリスマ塾講師 **出口 汪（ひろし）**

329 知らずにまちがえている敬語
その敬語、まちがえていませんか？　大人のための敬語・再入門

ビジネスマナー・敬語講師 **井上明美**